TRAITÉ ÉLÉMENTAIRE

D'ARITHMÉTIQUE

Rédigé conformément aux nouveaux Programmes de l'enseignement des Lycées,

A L'USAGE DES ÉLÈVES DE TROISIÈME,

Des Candidats aux Baccalauréats ès-sciences & ès-lettres,

ET AUX ÉCOLES DU GOUVERNEMENT,

PAR G. LOMON,

ANCIEN ÉLÈVE DE L'ÉCOLE NORMALE SUPÉRIEURE, AGRÉGÉ DE L'UNIVERSITÉ,

PROFESSEUR DE MATHÉMATIQUES

PRIX : Broché, 3 fr.; Cartonné, 3 fr. 50 c.

VANNES

A. CAUDERAN, LIBRAIRE-ÉDITEUR.

PARIS

Chez LANGLOIS et LECLERCQ, | Ch. DÉZOBRY et MAGDELEINE

RUE DES MATHURINS-S.-JACQUES, 10. | RUE DU CLOÎTRE-S.-BENOÎT, 10.

Chez HACHETTE et Cie, RUE PIERRE-SARRAZIN, 12.

1855.

V

TRAITÉ ÉLÉMENTAIRE

D'ARITHMÉTIQUE.

VANNES. — IMP. DE GUSTAVE DE LAMARZELLE.

TRAITÉ ÉLÉMENTAIRE

D'ARITHMÉTIQUE

Rédigé conformément aux nouveaux Programmes de l'enseignement des Lycées,

A L'USAGE DES ÉLÈVES DE TROISIÈME,

Des Candidats aux Baccalauréats ès-sciences & ès-lettres,

ET AUX ÉCOLES DU GOUVERNEMENT,

PAR G. LOMON,

ANCIEN ÉLÈVE DE L'ÉCOLE NORMALE SUPÉRIEURE, AGRÉGÉ DE L'UNIVERSITÉ,

PROFESSEUR DE MATHÉMATIQUES

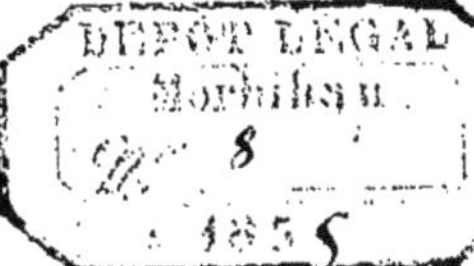

PRIX : Broché, 3 fr. ; Cartonné, 3 fr. 50 c.

VANNES

A. CAUDERAN, LIBRAIRE-ÉDITEUR.

PARIS

Chez LANGLOIS et LECLERCQ, | Ch. DÉZOBRY et MAGDELEINE
RUE DES MATHURINS-S.-JACQUES, 10. | RUE DU CLOÎTRE-S.-BENOÎT, 10.

Chez HACHETTE et Cie, RUE PIERRE-SARRAZIN, 12.

1855.

AVANT-PROPOS.

En publiant un traité élémentaire d'Arithmétique, je me suis proposé d'offrir aux élèves de nos lycées un livre qui, parfaitement d'accord avec le programme de leurs études, pût être consulté, étudié par eux comme un résumé des leçons qu'ils reçoivent.

C'est en troisième qu'on étudie l'arithmétique ; je n'ai pas perdu de vue que je m'adresse spécialement à des élèves jeunes qu'il faut commencer à former au raisonnement mathématique, et j'ai cherché à leur présenter des explications assez simples pour être comprises de la généralité d'entre eux. J'ai dit *explications* et non *démonstrations*; j'entends par là que je me suis inquiété non-seulement de formuler des raisonnements exacts, mais aussi d'essayer de les faire comprendre et d'en tracer la marche à l'esprit de l'élève, de telle façon qu'il voie partout le fil qui doit le guider. Je n'ignore point les difficultés, je dirai même l'impossibilité qu'il y a à mettre dans un traité écrit, d'un cadre nécessairement restreint, ces explications qui fécondent un cours professé oralement et font l'avantage d'un professeur sur un livre. Néanmoins j'ai fait mes efforts pour approcher de ce but que je ne puis complètement atteindre et qui doit être, ce me semble, celui d'un livre destiné à l'enseignement.

J'ai donc développé les définitions, les principes ; j'ai insisté sur le mécanisme des opérations, sur les analogies qu'elles présentent entre elles, sur leur enchaînement ; j'ai cherché à mettre en évidence la méthode mathématique dans laquelle on s'appuie constamment sur ce qu'on a établi, pour s'élever de proche en proche et par une généralisation progressive des idées les plus simples aux conceptions les plus compliquées.

Peut-être trouvera-t-on en certains endroits ce qu'on pourrait appeler des longueurs. A ce sujet, je ferai observer que la question n'est pas qu'un ouvrage d'enseignement soit long ou court; la question est qu'il soit précis, c'est-à-dire qu'il dise tout ce qui est nécessaire et rien que cela. Or, il est nécessaire, quand on expose quoi que ce soit, qu'on explique avec assez de détails pour être pleinement compris et pour que rien ne demeure vague et indécis dans l'esprit du lecteur. Au risque de paraître prolixe, il faut atteindre ce résultat. En revanche, je n'ai point parsemé mon livre d'énoncés de problèmes que je trouve mieux placés dans des recueils *ad hoc*, de paragraphes qu'on doit passer à une première lecture. Tout cela a l'inconvénient d'interrompre le fil des idées, de n'être point lu et d'habituer les élèves à étudier dans un ouvrage par ci, par là, comme en feuilletant. Manière détestable dans laquelle l'esprit ne se repose sur rien, ne se rend compte de rien. Je n'ai même pas mis de résumés des chapitres, quoique j'en reconnaisse l'utilité dans une certaine mesure; je crois préférable que chacun fasse son résumé à sa façon, suivant la tournure de son esprit, et surtout de *mémoire*; c'est une méthode avec laquelle non-seulement on s'assure que les connaissances acquises sont bien acquises, mais encore on les classe dans la mémoire. C'est, d'ailleurs, un exercice de composition qui en vaut bien un autre et dont nos élèves ont toujours besoin.

Dans mon ouvrage, j'ai voulu ne rien mettre qu'on doive laisser de côté, et j'ai voulu y mettre tout ce qui est nécessaire à un élève de troisième; et par suite aux élèves de logique qui ont à répondre sur le même programme.

Je n'ai point donné, dès les opérations sur les nombres entiers, des définitions qui aient l'air d'être générales; ce n'est pas que je ne reconnaisse l'avantage d'une définition générale sur une particulière ; mais c'est que je pense d'abord qu'on ne peut généraliser qu'autant qu'on possède des idées particulières, ce qui n'est pas le cas d'un débutant, ensuite que l'avantage dont je parle n'est réel qu'autant que celui qui emploie la définition en comprend la généralité tout entière. Si cette généralité n'est que dans les mots en apparence, sans être dans l'esprit de l'élève, il n'a qu'une phrase creuse, sans utilité. J'ai préféré généraliser progressivement chaque chose à mesure que le besoin s'en fait sentir ; je fais faire la généralisation par le lecteur lui-même ; il comprend ainsi cette importante opération de notre entendement et se familiarise avec elle sans difficulté.

J'ai évité l'emploi des notations littérales comme prématuré, je dirai même comme contradictoire ; ces notations employées de trop bonne heure, *sans même qu'on en ait fixé le sens précis*, forment une sorte de mécanisme aveugle, à l'aide duquel les élèves ont l'air de démontrer ce qu'on leur demande, mais ne se rendent pas compte en réalité de ce qu'ils disent.

Pour la question des approximations numériques j'avais un guide dans l'excellent ouvrage que M. Vieille a publié sur ce sujet. (1) J'ai fait de mon mieux pour expliquer cette théorie sans notations littérales et je me suis borné à ce que j'ai cru compatible avec le cadre qui m'était tracé par le programme et utile aux jeunes gens à qui je destine mon livre.

J'ai donné du développement à la question des rapports des grandeurs, à cause de son importance. Peut-être les nombres incommensurables paraîtront-ils sortir du programme. Cependant, comme on les rencontre à chaque pas dans les sciences, j'ai jugé indispensable d'en fixer le sens une fois pour toutes ; d'ailleurs, je n'ai pas vu qu'il y ait de difficultés à comprendre ce que j'en dis.

Les grandeurs proportionnelles m'ont donné lieu non-seulement d'établir les règles de trois en les rattachant à leur vrai

---

(1) *Théorie générale des approximations numériques*, Paris, chez Bachelier.

principe, mais encore d'expliquer des propositions utiles pour la suite des études scientifiques.

On verra du reste, d'après les questions que je choisis comme exemples, que je suis loin d'écarter l'esprit des élèves de la réalité des applications pratiques; qu'au contraire, je les présente comme but des théories, et que je cherche à prévenir les idées fausses que plusieurs se sont faites sur l'application du calcul aux questions pratiques.

Enfin si j'insiste, en général, longuement sur tout ce qui est principe, je me borne souvent à indiquer au lecteur certaines conséquences qu'il peut en faire aisément découler, dans l'intention de l'obliger à réfléchir sur la question, s'il veut s'en rendre compte.

En un mot, je voudrais que mon livre pût contribuer à communiquer aux jeunes gens qui l'étudieront, l'habitude de la réflexion, avec cet esprit de méthode et d'ordre qui ne sont pas utiles seulement dans l'étude des sciences.

N.—L'instruction ministérielle qui vient d'être publiée pendant l'impression de cet ouvrage, m'engage à y ajouter une note où j'énonce les propositions sur les erreurs relatives, sous la forme simple dont j'avais d'abord craint d'employer l'inexactitude apparente. Je profite de cette note pour donner, de ces propositions, une explication qui peut paraître plus aisée à comprendre que celle du texte.

TABLE DES MATIÈRES.

[illegible]

[illegible] [illegible] [illegible]

[illegible] [illegible] [illegible]
[illegible]
[illegible]

[illegible] [illegible] [illegible]
[illegible] [illegible]

[illegible]
[illegible]
[illegible]
[illegible]

[illegible]

[illegible] [illegible]
[illegible]

TRAITÉ ÉLÉMENTAIRE

D'ARITHMÉTIQUE.

LES NOMBRES ET LES GRANDEURS.

1. Lorsque nous considérons ensemble des objets distincts et semblables comme des cailloux, des fruits, des arbres, les étoiles du ciel, etc., ou que nous observons la répétition d'un même phénomène, le retour de phénomènes analogues, comme les battemens d'une horloge, les jours, les nuits, les pas que nous faisons sur une route, etc., nous acquérons les idées *d'unité* et de *nombre*.

Chacun de ces objets ou de ces phénomènes est une *unité* et leur collection ou leur répétition constitue le *nombre*.

Ces collections peuvent être augmentées, diminuées et c'est ce qu'on exprime en disant que ces nombres sont des *grandeurs*.

2. Il existe une autre espèce de grandeurs, dont l'idée nous vient à propos des phénomènes qui tombent sous nos sens. Par exemple, la distance d'un corps à un autre, son étendue, sont des choses susceptibles aussi d'augmentation ou de diminution, c'est-à-dire *des grandeurs*. Mais il y a entre elles et les précédentes une différence capitale : un nombre d'étoiles ne peut croître ni décroître de moins d'une étoile à la fois, tandis qu'une distance, peut croître ou décroître d'aussi peu qu'on veut ; ou bien encore, ce qui est la même chose : une collection d'étoiles ne peut être partagée en parties moindres *qu'une* étoile, au lieu qu'une distance peut être conçue décomposée, en parties aussi petites qu'on veut, qui sont des distances aussi bien que la distance totale.

Cette propriété s'appelle la *continuité* des grandeurs.

En résumé, l'on nomme *grandeur* tout ce qui est susceptible d'augmentation ou de diminution, et l'on distingue deux sortes de grandeurs : les unes, comme les distances, sont décomposables en parties aussi petites qu'on veut, de même nature que le tout et peuvent d'ailleurs augmenter ou diminuer d'aussi peu qu'on veut, elles sont dites *continues ;* les autres, comme les nombres, ne jouissent pas de cette propriété et sont dites *discontinues* ou *discrètes*.

3. La mesure des grandeurs continues donne aussi lieu à des nombres.

Mesurer une grandeur, c'est la comparer à une autre de même espèce qu'elle, parfaitement déterminée. Prenons pour exemple la longueur d'un mur, nous la comparerons au *mètre*, (1) en portant ce mètre sur la longueur autant de fois que possible. Admettons qu'il y soit contenu exactement, nous aurons alors décomposé la longueur donnée en parties égales au mètre, parties qui pourront être regardées comme des objets semblables, des *unités* et à ce titre, leur collection sera un véritable *nombre*. La seule différence qu'il y a entre ces nombres et ceux précédemment définis, c'est que dans ceux-ci l'unité était fixe de sa nature : un caillou, un arbre, une étoile, et que dans ceux-là, l'unité est arbitraire ; dans l'exemple cité, rien ne forçait à choisir le mètre.

––––––––––

(1) Je suppose que le lecteur a sous les yeux un *mètre.*

Notons en passant que le mot *unité* n'a pas dans le cas actuel le même sens que plus haut, il signifie proprement ici grandeur servant de terme de comparaison entre celles de son espèce.

4. Si l'on veut indiquer qu'un nombre provient de la mesure d'une grandeur continue, on lui donne les noms de *rapport de la grandeur à l'unité* ou de *mesure* de cette grandeur, ou encore de *quantité*. Cette quantité est une expression précise de la grandeur puisqu'elle indique combien de fois cette grandeur contient exactement son unité. Les nombres peuvent donc représenter des grandeurs continues quand elles sont décomposables exactement en parties égales à l'unité choisie.

5. Quelle que soit du reste l'origine des nombres, on les forme de la même manière en ajoutant l'unité à elle-même indéfiniment. Ainsi avec une unité et une autre, ou plus simplement avec *un* et *un*, on a fait le nombre *deux*, avec *deux* et *un* le nombre *trois*, avec *trois* et *un* le nombre *quatre* et ainsi de suite sans qu'on obtienne jamais un nombre plus grand que tous les autres, puisqu'on peut toujours ajouter de nouvelles unités aux nombres déjà formés.

NUMÉRATION DÉCIMALE.

6. Dans cette série illimitée de nombres, il était de toute impossibilité d'imaginer et de retenir de mémoire un nom arbitraire pour chacun d'eux, il a fallu trouver des moyens de nommer tous les nombres possibles avec très-peu de mots et en même temps de les figurer avec très-peu de caractères. Tel est le but général de la *numération*.

Parmi tous les systèmes inventés à cet effet, le *système de numération décimale* atteint le but d'une manière ingénieuse et simple. En voici le principe.

7. Principe. — En comptant d'abord unité par unité, ainsi qu'on l'a expliqué (**5**) on a donné aux premiers nombres les noms arbitraires :

un, deux, trois, quatre, cinq, six, sept, huit, neuf.

Puis le nombre suivant ayant été nommé *dix* ou *une dixaine*, on a regardé cette dixaine ou collection de dix *unités simples* comme une nouvelle *unité complexe*, avec laquelle on compterait comme par unités simples de *un* à *neuf* :
une dixaine, deux dixaines, trois dixaines,.....neuf dixaines,
ou bien comme c'est l'usage :
dix, vingt, trente, quarante, cinquante, soixante, septante, octante, nonante. Les trois derniers mots ne sont usités que dans quelques provinces de France, ailleurs on leur substitue *soixante-dix, quatre-vingts, quatre-vingt-dix.*

La dixaine suivante a reçu le nom *cent* ou *une centaine*, on l'a regardée à son tour comme une nouvelle unité complexe, *dix fois* plus grande que la précédente, et l'on a compté par centaines comme par unités simples et par dixaines de *un* à *neuf* :
un cent, deux cents, trois cents,...........neuf cents.

Semblablement la dixième centaine ou *mille* a formé une unité complexe dix fois plus grande que la précédente, avec laquelle on a compté encore de même de *un* à *neuf* :
un mille, deux mille, trois mille.............neuf mille.

Et l'on a continué de la sorte à imaginer des unités complexes de dix en dix fois plus grandes, aussi loin que c'est nécessaire et avec lesquelles on compte toujours de *un* à *neuf*.

Voici le tableau de leurs noms jusqu'au dixième ordre :

$$(A)\begin{cases}
\text{Premier ordre :} & \textit{unités simples.} \\
\text{Deuxième ordre :} & \textit{dixaines.} \\
\text{Troisième ordre :} & \textit{centaines.} \\
\text{Quatrième ordre :} & \textit{mille.} \\
\text{Cinquième ordre :} & \textit{dixaines de mille.} \\
\text{Sixième ordre :} & \textit{centaines de mille.} \\
\text{Septième ordre :} & \textit{millions.} \\
\text{Huitième ordre :} & \textit{dixain. de millions.} \\
\text{Neuvième ordre :} & \textit{cent}^{\text{nes}}\textit{ des millions.} \\
\text{Dixième ordre :} & \textit{billions.} \\
\end{cases}$$

Première classe : UNITÉS SIMPLES.

Deuxième classe : MILLE.

Troisième classe : MILLIONS.

Quatrième classe : BILLIONS.

Ces divers ordres d'unités ont été, comme on le voit, groupés en classes renfermant chacune trois ordres dont le premier seul a reçu un nom nouveau, arbitraire, les deux autres étant considérés comme des dixaines et des centaines de celui-là. C'est une simplification qui n'est pas sans importance pour la nomenclature.

On conçoit d'ailleurs que l'on puisse prolonger ce tableau aussi loin que cela serait nécessaire, en faisant des classes de *trillions, quatrillions, quintillions*...., etc.; mais il est rarement utile de dépasser la classe des billions.

8. NOMENCLATURE. — Une fois qu'on a dans la mémoire les noms de tous ces ordres d'unités, ainsi que leurs relations de grandeur, rien de plus simple que de nommer un nombre quelconque.

Imaginons, pour le faire comprendre, que nous ayons à compter une collection d'objets semblables, par exemple des noix. D'abord nous les comptons une à une, et s'il n'y en a pas plus de dix, le nom du nombre est tout trouvé.

S'il y en a plus de dix, après avoir mis à part une première dixaine, nous en comptons de même une deuxième, une troisième...., etc. Supposons-en *cinq* avec *huit unités* de plus, le nom de notre nombre sera *cinq dixaines et huit* ou plus brièvement *cinquante-huit*.

Remarque. (L'usage a introduit quelques irrégularités; au lieu de *dix-un, dix-deux, dix-trois, dix-quatre, dix-cinq, dix-six.* On dit respectivement *onze, douze, treize, quatorze, quinze, seize.* Cette exception s'applique aussi aux noms des six nombres qui suivent *soixante-dix* et *quatre-vingt-dix*, on les nomme *soixante-onze, soixante-douze.....,* etc., *quatre-vingt-onze, quatre-vingt-douze....,* etc.)

S'il y avait plus de dix dixaines ou d'un cent, après avoir mis à part ce premier cent, nous en compterions un deuxième, un troisième. .., etc. Soit par exemple, *sept cents* avec *cinq dixaines* et *huit* de plus, nous nommerons notre nombre *sept cent cinquante-huit.*

Nous continuerions, d'une manière analogue, si notre nombre renfermait des unités d'ordres supérieurs aux centaines.

RÈGLE. — En généralisant ceci, nous concluons que *pour nommer un nombre on le décomposera en unités de tous les ordres qu'il renferme, puis on comptera combien d'unités de chaque ordre, et on les nommera successivement en commençant par les ordres les plus élevés qui sont les plus importants.*

Pour plus de commodité encore, on nomme d'un coup les trois ordres de chaque classe en ne mettant le nom de la classe qu'une fois à la fin; ainsi, si l'on trouvait dans un nombre *sept centaines de mille, cinq dixaines de mille, huit mille*; on dirait tout simplement *sept cent cinquante-huit mille*, n'énonçant le mot *mille* qu'une fois.

Remarque. On dit souvent *onze cents, douze cents, treize cents....., dix-neuf cents* au lieu de *mille cent, mille deux cents, mille trois cents....., mille neuf cents.*

9. On voit donc qu'à part quelques mots irréguliers dont on aurait pu se passer, avec les neuf noms arbitraires : *un, deux, trois....., neuf,* et les mots *dix, cent, mille, million, billion....,* etc., on peut nommer tous les nombres imaginables, et cette nomenclature présente l'avantage de montrer à la seule appellation d'un nombre, comment ce nombre est composé des divers ordres d'unités simples ou complexes.

10. Écriture. — L'écriture des nombres en toutes lettres est longue et souvent incommode, on lui a substitué une écriture plus rapide et plus facile à employer. Les mots

un, deux, trois, quatre, cinq, six, sept, huit, neuf,

s'écrivent en abrégé :

1,   2,   3,   4,   5,   6,   7,   8.   9.

Ces caractères abréviatifs sont les *chiffres.*

En les employant, un nombre quelconque, par exemple,

quatre millions *neuf* cent *soixante-trois* mille *sept* cent *cinquante-huit* unités,

pourrait être écrit :

4 millions   9 cent. de mille 6 dix. de mile 3 mille   7 centaines   5 dixaines 8 unités.

Mais on se dispense d'écrire près de chaque chiffre le nom de l'ordre d'unités qu'il représente, à l'aide de la remarque très-simple que voici. Si l'on écrivait de la sorte des nombres où il ne manque aucune espèce d'unités, depuis les plus élevées qu'ils contiennent, jusqu'aux unités simples, le chiffre qui représente chaque espèce occuperait toujours le même rang à partir de la droite; et ce rang pourrait suffire pour indiquer l'espèce des unités de chaque chiffre; ainsi au 1er à droite serait le chiffre des unités, au 2e celui des dixaines...., etc. Or, *on est convenu que toujours le rang d'un chiffre à partir de la droite désignerait l'espèce des unités qu'il représente, chaque espèce conservant le numéro d'ordre qu'elle a dans le tableau* (A).

Par suite, le nombre précédent s'écrira 4963758.

11. Cette convention a nécessité l'emploi d'un nouveau

chiffre. Dans un nombre, en effet, il peut manquer certains ordres d'unités inférieurs au plus élevé qu'il contienne ; que l'on ait par exemple le nombre *cinq cent quatre*, il ne renferme pas de dixaines, et par conséquent, si nous voulons l'écrire en chiffres, il faut que nous indiquions que les dixaines manquent, au moyen d'un signe convenable qui conserve au chiffre 5 des centaines le 3ᵉ rang qui lui est assigné dans nos conventions.

Ce chiffre auxiliaire est 0 ; on le nomme *zéro*, il n'a pas de valeur par lui-même, et sa fonction est de conserver aux autres chiffres la place qui leur convient. En l'employant, le nombre *cinq cent quatre* s'écrit 504.

12. MANIÈRE D'ÉCRIRE EN CHIFFRES UN NOMBRE SOUS LA DICTÉE. — *D'après cela, pour écrire en chiffres un nombre qu'on dicte, il suffit d'avoir rangé dans son esprit les divers ordres d'unités et d'écrire successivement de gauche à droite les chiffres qui expriment les unités de chaque ordre à mesure qu'on les entend énoncer, en prenant soin de remplacer par un zéro, tout ordre qui serait passé sous silence.*

Ex. *Deux millions trois mille six cent neuf*, s'écrirait 2003609.

Bien entendu que ceci suppose le nom du nombre qu'on dicte formé suivant la règle de la nomenclature (**8**), c'est-à-dire que les unités de différents ordres y sont bien séparées.

13. MANIÈRE DE LIRE UN NOMBRE ÉCRIT EN CHIFFRES. — Semblablement, pour lire un nombre écrit en chiffres, il n'y a qu'à reconnaître l'ordre d'unités qu'exprime chaque chiffre et à les lire l'un après l'autre en allant de gauche à droite, suivant la règle (**8**).

Pour plus de facilité, *on partage la série des chiffres écrits en tranches de trois en trois, par des points, à partir de la droite, la dernière à gauche pouvant ne renfermer que deux ou un seul chiffre, chaque tranche représente une classe d'unités qu'on reconnaît successivement, pour les nommer en commençant par les plus élevées. On énonce d'ailleurs dans chacune successivement les centaines, les dixaines et les unités.*

Ex. 5345078432 se préparera ainsi 5·345·078·432 et quand on aura reconnu l'espèce de chaque tranche *unités, mille, millions, billions,* on lira *cinq billions, trois cent quarante-cinq millions, soixante-dix-huit mille, quatre cent trente-deux.*

14. *Remarque.* — Il résulte du système de numération exposé que

1º Tout chiffre écrit dans un nombre a deux valeurs ; l'une *absolue,* c'est le nombre d'unités qu'il exprime indépendamment de leur espèce, l'autre *relative* qui consiste au contraire dans l'ordre de ces unités. Le chiffre 5, par exemple, exprime *cinq* unités de quelque ordre que ce soit, c'est là sa valeur absolue ; mais il peut exprimer des unités, des dixaines..., etc., c'est sa valeur relative.

Le zéro seul n'a que cette dernière. Les autres chiffres sont appelés *significatifs* par opposition au zéro qui ne signifie rien par lui-même.

2º La valeur relative d'un chiffre devient dix, cent, mille..., etc., fois plus grande quand on le recule d'un, de deux, de trois...., etc., rangs vers la gauche, et dix, cent, mille..., etc., fois plus petite quand on le déplace d'autant vers la droite.

3º Quand on écrit un, deux, trois...., etc., zéros à la droite d'un nombre, le nouveau nombre qui en résulte est dix, cent, mille...., etc., fois plus grand que le 1ᵉʳ puisque chaque chiffre se trouve déplacé d'un, deux, trois...., etc., rangs vers la gauche.

La disposition de l'exemple ci-dessous rend cette propriété manifeste.

$$54$$
$$540$$
$$5400$$
$$54000$$

Inversement, la suppression d'un, deux, trois...., etc., zéros à la droite d'un nombre, quand il y en a, donne lieu à un nouveau nombre dix, cent, mille...., etc., fois plus petit, pour une raison inverse.

4° Au contraire, des zéros écrits ou supprimés à la gauche d'un nombre, n'altèrent en rien sa valeur, puisque les chiffres ont les mêmes valeurs absolues et relatives qu'auparavant.

15. Applications. — A l'aide des dernières remarques, nous pouvons déjà résoudre quelques questions. Soit, par exemple, celle-ci :

1° *Un voyageur fait* 12 *lieues par jour, combien en aura-t-il parcouru au bout de* 10 *jours ?*

Solution. — Il en aura parcouru dix fois autant qu'au bout d'un jour, c'est-à-dire, un nombre dix fois plus grand que 12 ; or, nous savons (**14**, 3°) qu'il suffit, pour l'obtenir, d'écrire un zéro à la droite de 12, ce qui fait 120. Le voyageur a donc parcouru 120 lieues.

2° 100 *mètres d'étoffe ont coûté* 1500 *fr., combien coûte chaque mètre ?*

Solution. — 100 fois moins que 100 mètres, c'est-à-dire, un nombre de francs 100 fois plus petit que 1500, ou d'après la remarque (**14**, 3°) 15. Le prix du mètre est donc 15 francs.

16. Si nous réfléchissons à la manière dont ces questions très-simples viennent d'être résolues, nous y voyons que d'abord nous avons cherché comment le nombre demandé dépend de ceux donnés, ce qui nous a conduits à reconnaître quelles transformations il fallait exécuter sur eux, pour obtenir le nombre inconnu ; puis nous avons effectué ces transformations.

Or, toutes les fois qu'on traite une question où il s'agit de trouver un nombre au moyen d'autres nombres connus auxquels il est lié, la marche à suivre consiste, comme dans les questions précédentes : 1° à rechercher, par un examen attentif de la question, la manière dont le nombre inconnu dépend des nombres donnés ; de cet examen résulte la connaissance des transformations à faire sur les premiers, pour en déduire celui qu'on cherche ; 2° à exécuter ces transformations.

La première partie ne peut être soumise à aucune règle

précise à cause de l'infinie variété des questions qu'on peut se poser. La deuxième, au contraire, n'exige que l'application intelligente des procédés qui ont été inventés pour effectuer commodément les transformations ou *opérations* sur les nombres.

Le but principal de l'Arithmétique est d'enseigner ces procédés et d'en expliquer le mécanisme.

17. Les nombres qui entrent dans les questions ordinaires, expriment le plus souvent des collections d'objets ou des grandeurs d'une nature déterminée, on les qualifie pour cela de *concrets*, ainsi 20 hommes, 12 lieues, sont des nombres concrets, dans les raisonnements qu'on fait pour résoudre ces questions, il est indispensable de regarder les nombres comme concrets s'ils le sont. Mais lorsqu'on vient à faire sur eux des opérations, on ne s'occupe plus de l'espèce d'unités qu'ils renferment ; ils passent à l'état de nombres *abstraits*, c'est-à-dire considérés indépendamment de la nature des objets qui les composent ou des grandeurs qu'ils expriment.

OPÉRATIONS DE L'ARITHMÉTIQUE.

ADDITION.

18. Définitions et notations. — Soit cette question : *quelqu'un a acheté quatre objets différents, il a payé le premier 15 francs, le deuxième 6 francs, le troisième 7 francs, et le quatrième 9 francs, combien a-t-il dépensé?*

Solution.—Le nombre de francs qu'il a dépensés, se compose d'autant d'unités qu'il y en a dans les nombres 15, 6, 7, 9, ensemble.

Or, un nombre composé d'autant d'unités qu'il y en a dans plusieurs autres ensemble, s'appelle leur *somme*.

Et l'opération qui a pour but de composer la somme de plusieurs nombres, a reçu le nom *d'addition*.

Si l'on ne veut qu'indiquer la somme de plusieurs nombres, on les écrit les uns à la suite des autres en interposant le signe $+$ qu'on énonce *plus*. Ainsi la somme de la question ci-dessus s'indique $15 + 6 + 7 + 9$.

Pour apprendre à faire l'addition, nous distinguerons deux cas, suivant qu'on se propose d'additionner à un nombre quelconque soit un ou plusieurs nombres d'un chiffre, soit des nombres de plusieurs chiffres.

19. 1ᵉʳ Cas. — 1º Soit d'abord un seul nombre d'un chiffre 6 à additionner à un nombre quelconque 15. Puisque la somme doit se composer de toutes les unités réunies de 15 et 6, il est manifeste qu'on la trouvera en ajoutant successivement à 15 toutes les unités de 6, en les comptant sur ses doigts pour s'aider ou en les numérotant mentalement de la sorte : 15 et la 1ʳᵉ unité font 16, et la 2ᵉ 17, et la 3ᵉ 18, et la 4ᵉ 19, et la 5ᵉ 20, et la 6ᵉ 21. La somme cherchée est donc 21.

2º Soit maintenant plusieurs nombres d'un chiffre 6, 7, 9, à additionner à 15; on additionnera d'abord 6 comme il vient d'être dit; à la somme 21, on additionnera 7 de la même manière, ce qui fait 28 et enfin à cette nouvelle somme on additionnera 9 ce qui donne 37 pour la somme cherchée. C'est le nombre qui répond à la question (**18**).

Il est important de s'habituer par de fréquents exercices à trouver rapidement les résultats de semblables additions en se dispensant de l'aide des doigts ou des numéros ; de manière à dire couramment 15 et 6   21 et 7   28 et 9   37.

20. 2ᵉ Cas. — Principe. — On conçoit que si l'on avait à additionner des nombres un peu considérables, la méthode précédente serait toujours longue et souvent impraticable. Voici dans ce cas l'artifice que l'on emploie. De même qu'en numération au lieu de compter par unités simples, on a imaginé de compter par dixaines, centaines...etc, de même ici, au lieu d'additionner les nombres unité par unité, on additionnera séparément les nombres d'unités simples de tous les nombres donnés, leurs dixaines séparément, leurs centaines ensuite....., en général les unités de chaque ordre, puis on réunira les sommes partielles en un nombre unique qui sera évidemment la somme cherchée.

21. Voilà le principe; pour l'appliquer prenons un exemple.

Soit à effectuer la somme 213 + 340 + 104 + 21. D'abord, pour trouver plus facilement les nombres d'unités de même ordre, je dispose les nombres les uns au-dessous des autres en les alignant par la droite, puis soulignant pour en séparer la somme, j'additionne d'abord les unités simples 3 et 4 7, et 1 8,   8 unités que j'écris sous les unités ; puis passant aux dixaines je dis 1 et 4   5 et 2   7, 7 dixaines que j'écris sous les

dixaines et enfin pour les centaines 2 et 3 5, et 1 6, 6 centaines
que j'écris sous les centaines ; la somme cherchée est donc
6 centaines 7 dixaines et 8 unités ou 678.

$$
\begin{array}{r}
213 \\
340 \\
104 \\
21 \\
\hline
\end{array}
$$

Somme. . 678

Ici comme les sommes partielles ne surpassaient pas 9, on a
pu les écrire à mesure qu'on les trouvait chacune à son rang et la
somme totale s'est trouvée faite. Mais il en peut être autrement.

Par exemple soit la somme 357 + 845 + 2169 + 508. Après
avoir disposé les nombres comme plus haut, j'additionne les
unités simples , j'en trouve 29, c'est-à-dire 2 dixaines et 9 unités,
comme j'ai ensuite à additionner les dixaines des nombres donnés
je n'écris que les 9 unités et je reporte les 2 dixaines avec les
dixaines des nombres 2 et 5 7, et 4 11, et 6 17, c'est-à-dire
7 dixaines que j'écris sous les dixaines et 1 centaine que je
retiens pour additionner avec les centaines ; j'en trouve en tout
18, ou bien 8 centaines que j'écris sous les centaines et 1 mille que
je retiens pour l'additionner avec les mille des nombres donnés,
1 et 2 3, 3 mille que j'écris. Et la somme cherchée est 3879.

$$
\begin{array}{r}
357 \\
845 \\
2169 \\
508 \\
\hline
\end{array}
$$

Somme. . . 3879

De ces exemples nous concluons la règle que voici :

RÈGLE. — *Pour additionner plusieurs nombres de plusieurs
chiffres, on les écrit les uns sous les autres en alignant les chiffres
qui représentent les unités de même ordre, on souligne ; puis on*

*additionne (n° **19**), tous les nombres de la 1re file à droite, si la somme ne surpasse pas 9 on l'écrit au-dessous, telle qu'on la trouve, si elle surpasse 9 on en écrit que les unités et l'on retient les dixaines pour les additionner avec les nombres de la file suivante sur laquelle on opère de même, en continuant ainsi jusqu'à la dernière file à gauche, sous laquelle on écrit la somme partielle telle qu'on la trouve. Le nombre ainsi composé est la somme demandée.*

22. Observons que les additions les plus compliquées se réduisent en dernière analyse à des additions de nombres d'un chiffre, dont l'habitude a bientôt gravé les résultats dans la mémoire.

Si l'on commence l'addition par les unités inférieures, c'est afin de pouvoir reporter aux unités d'ordres supérieurs celles qu'on peut rencontrer dans une somme partielle. En commençant par la gauche, on perdrait cet avantage et l'on serait forcé de corriger des chiffres déjà écrits. Il suffira pour s'en convaincre de refaire de cette façon le 2ᵉ des exemples ci-dessus.

23. Vérification ou preuve. — Pour s'assurer qu'on n'a pas commis d'erreurs en faisant une addition, on la recommence en sens inverse, je veux dire en comptant de *bas en haut*, si l'on a compté d'abord de *haut en bas*, comme nous l'avons fait (**21**). De cette manière, les sommes partielles se trouvant toutes différentes en général, on sera moins exposé à retomber dans les mêmes erreurs.

On peut encore, quand on a fait l'addition de beaucoup de nombres, la recommencer en la morcelant de manière à faire des sommes partielles qu'on additionne ensuite entre elles.

Dans tous les cas, il est évident que la somme finale doit être la même, de quelque manière qu'on s'y prenne pour l'obtenir. Si donc le résultat de la vérification diffère de celui de l'opération, il y a eu erreur d'un côté ou de l'autre, peut-être des deux et il faut recommencer. Si le résultat est le même, il y a lieu de croire qu'on ne s'est pas trompé.

N. B. — Quand on a fait une addition il est *indispensable* de la vérifier ; un résultat qu'on n'a pas vérifié doit être regardé comme non avenu, puisqu'on ne peut compter sur son exactitude. Cette observation s'applique à toutes les opérations, de quelque nature qu'elles soient.

24. APPLICATION. — *Problème. Un corps d'armée est composé de 25340 fantassins, de 9850 cavaliers et de 8215 hommes d'artillerie; on demande quel est l'effectif de ce corps.*

Solution. — L'effectif est le nombre d'hommes qui composent le corps d'armée, il est la somme des soldats de toute arme qui y entrent, on le trouvera donc en additionnant $25340 + 9850 + 8215$. L'opération donne après vérification 43405; donc l'effectif demandé est de 43405 hommes.

SOUSTRACTION.

25. DÉFINITIONS ET NOTATION. — Soit cette question : *Je devais 9 francs, j'en ai payé 5, que dois-je encore ?*

Solution. — La somme qui reste à payer est telle qu'additionnée avec 5 francs, elle fasse 9 francs.

Or, on a nommé *différence* de deux nombres, un autre nombre qui additionné avec le plus petit, reproduit le plus grand, et *soustraction*, une opération qui a pour but de trouver la différence de deux nombres Ces deux nombres sont dits les *termes* de la différence.

Lorsqu'on veut seulement indiquer la différence de deux nombres, on écrit le plus petit à droite du plus grand, en les séparant par le signe — qui s'énonce *moins*. Ainsi, la différence de 9 et 5, dans notre question, s'écrit $9 - 5$.

Le plus grand nombre, dans une soustraction, peut être considéré comme la somme faite du plus petit et de la différence, et à ce titre, la soustraction est l'inverse de l'addition, puisqu'elle décompose ce que celle-ci compose.

Nous distinguerons deux cas comme dans l'addition, suivant qu'on a à soustraire un nombre d'un chiffre ou un nombre de plusieurs chiffres.

26. 1ᵉʳ Cas. — Soit 5 à soustraire de 9, on y arrivera par une sorte de dénumération inverse de ce qu'on faisait en addition, c'est-à-dire en ôtant successivement de 9 toutes les unités de 5, en les comptant sur ses doigts pour s'aider, ou en les numérotant mentalement de la sorte : 9 moins la 1ʳᵉ unité 8, moins la 2ᵉ 7, moins la 3ᵉ 6, moins la 4ᵉ 5, moins la 5ᵉ 4 ; et 4 est la différence, puisque si l'on y ajoutait les 5 unités qu'on a ôtées, on reproduirait 9. Le nombre 4 répond à la question ci-dessus (**25**).

Il est indispensable d'acquérir l'habitude de trouver immédiatement les différences de toutes ces soustractions élémentaires, de manière à pouvoir dire rapidement 5 *soustrait de* 9 *donne* 4 , ou plus brièvement 5 *de* 9 4.

27. 2ᵉ Cas. — Principe. — Si le nombre à soustraire était considérable, un pareil procédé serait impraticable par sa longueur ; et alors on a cherché, comme dans l'addition , à opérer sur les divers ordres d'unités séparément, en soustrayant séparément les unités de chaque ordre du petit nombre de celles correspondantes du grand, sauf à réunir toutes les différences partielles en un seul nombre qui sera évidemment la différence cherchée.

28. L'application de ce principe est facile , tant que chaque chiffre du plus petit nombre ne représente pas un nombre supérieur à son correspondant dans le plus grand.

Soit en effet la différence 547 — 245 à effectuer. Après avoir disposé convenablement le petit nombre sous le grand et souligné, je soustrais d'abord les unités simples ; 5 de 7 2, 2 unités que j'écris sous les unités, puis passant aux dixaines ; 4 de 4 rien, j'écris zéro sous les dixaines et enfin, pour les centaines, 2 de 5 3, 3 centaines que j'écris sous les centaines ; ce qui fait en tout 302 pour la différence cherchée.

$$
\begin{array}{r}
547 \\
245 \\
\hline
\end{array}
$$

Différence. ..   302

Quand un chiffre du plus petit nombre représente un nombre supérieur à son correspondant dans le grand, il se présente une difficulté.

Par exemple, soit à soustraire 8349 de 25706.

En essayant d'opérer comme précédemment, on reconnaît que 9 unités ne peuvent être soustraites de 6. Pour lever la difficulté, j'ajoute dix unités à 6, ce qui fait 16, 9 de 16 7, 7 unités que j'écris au-dessous ; puis, pour rétablir la différence que j'ai altérée en augmentant le plus grand nombre de 10 unités, j'augmente d'autant le nombre le plus petit, en ajoutant 1 dixaine à son chiffre des dixaines 4, 1 et 4 5, que je ne puis soustraire de 0, j'ajoute de même 10 à ce zéro, 5 de 10 5, 5 dixaines que j'écris au-dessous ; en continuant j'ajoute 10 dixaines ou 1 centaine au chiffre 3 des centaines du plus petit nombre pour rétablir la différence, 1 et 3 4 de 7 3, 3 centaines que j'écris au-dessous. Je dis de même pour les mille, 8 de 15 7, que j'écris et pour rétablir la différence, 1 dixaine de mille de 2, reste 1 que j'écris aux dixaines de mille. La différence cherchée est alors 17357.

$$
\begin{array}{r}
25706 \\
8349 \\
\hline
\end{array}
$$

Différence...   17357

En généralisant ceci , on est conduit à la règle suivante.

Règle. — *Pour obtenir la différence de deux nombres de plusieurs chiffres, on écrit le plus petit sous le plus grand, de manière que les unités de même ordre se correspondent, on sou-*

ligne ; puis en allant de droite à gauche , on cherche à soustraire dans chaque ordre d'unités, le nombre inférieur de son correspondant supérieur , si c'est possible on écrit la différence au-dessous, sinon on ajoute dix unités de son ordre au chiffre supérieur trop petit et la soustraction partielle devient possible; on l'effectue, on écrit la différence au-dessous; puis en continuant, on a soin de compter au chiffre inférieur suivant , une unité de plus et l'on opère de la même manière, jusqu'à épuisement de tous les chiffres. Le nombre ainsi composé est la différence cherchée.

29. On peut observer ici comme dans l'addition , que la soustraction la plus compliquée se réduit à des soustractions de nombres d'un chiffre.

On commence la soustraction par la droite, à cause des modifications qu'on peut avoir à faire subir aux nombres pour rendre les soustractions partielles possibles; en commençant à gauche, on serait souvent obligé de revenir sur ses pas pour corriger des chiffres déjà écrits.

30. Vérification. — On vérifie une soustraction en additionnant la différence trouvée au plus petit nombre, s'il n'y a pas d'erreur, la somme obtenue doit être le plus grand nombre lui-même, suivant la définition de la différence de deux nombres (**25**).

31. L'artifice employé pour rendre possibles les soustractions partielles, est une conséquence d'un principe qu'il est utile de démontrer en général. C'est que :

Principe. — *Quand on ajoute un même nombre aux deux termes d'une différence, cette différence n'en est nullement altérée.*

En effet si aux deux termes d'une différence 9 — 5 on ajoute 6, elle devient $(9 + 6) - (5 + 6)$; or si nous concevons qu'on effectue cette dernière en ôtant les unités du plus petit nombre l'une après l'autre (**26**), quand on aura enlevé les 6 surajoutées, il ne restera plus qu'à soustraire 5 de 9, c'est-à-dire la *même opération* que d'abord. Donc *quand on ajoute....* etc.

32. APPLICATION. — *Problème. Un vase plein d'eau pèse 5842 grammes, vide il pèse 927 grammes; combien de grammes pèse l'eau qu'il contient ?*

Solution. Elle pèse un nombre de grammes égal à la différence entre 5842 et 927, on trouvera donc ce nombre en soustrayant 927 de 5842. L'opération donne pour résultat après érification 4915. L'eau pèse donc 4915 grammes.

MULTIPLICATION.

33. DÉFINITIONS ET NOTATION. — Proposons-nous cette question : *on a acheté* 3 *mètres d'une marchandise à* 7 *francs le mètre, combien doit-on ?*

Solution. — 3 mètres coûteront 3 fois autant qu'un mètre; le nombre de francs qu'on doit, sera donc composé d'autant de fois 7 francs, qu'il y a d'unités dans 3.

Or, on nomme *produit* d'un nombre par un autre, un 3^c nombre composé d'autant de fois le 1er, qu'il y a d'unités dans le deuxième. Dans notre question la somme due est représentée par le produit de 7 par 3.

La *multiplication* est une opération qui a pour but de trouver le produit d'un nombre par un autre.

Le nombre qui, par sa répétition doit composer le produit, prend dans l'opération le nom de *multiplicande*, l'autre est le *multiplicateur* et tous les deux sont les *facteurs* du produit. Ainsi dans notre exemple, 7 est le *multiplicande*, 3 le *multicateur*.

Lorsqu'on veut seulement indiquer un produit, on écrit le multiplicateur à la suite du multiplicande en les séparant par le signe $\times$ ou par un simple point qui s'énonce *multiplié par*. Le produit ci-dessus s'indique 7×3 ou 7.3.

D'après la définition du produit de deux nombres, il est évidemment égal à la somme d'autant de nombres égaux au multiplicande, qu'il y a d'unités dans le multiplicateur, d'où il résulte qu'on peut concevoir que la multiplication se fasse par une addition de nombres égaux au multiplicande.

Pour apprendre à faire la multiplication, il y a lieu de distinguer quatre cas généraux.

1° le multiplicande n'a qu'un chiffre, le multiplicateur qu'un chiffre et le produit est plus petit que 10 fois le multiplicande ;

2° le multiplicande a plusieurs chiffres, le multiplicateur un seul et le produit est plus petit que 10 fois le multiplicande ;

3° Le multiplicande n'a qu'un chiffre, le multiplicateur plusieurs et le produit n'est pas plus petit que 10 fois le multiplicande ;

4° le multiplicande a plusieurs chiffres, le multiplicateur plusieurs et le produit n'est pas plus petit que 10 fois le multiplicande.

34. 1er Cas. On le traite par l'addition. Ex. : soit à effectuer 7×3, on additionnera 3 nombres égaux à 7 ; 7 et 7 14, et 7 21, et le produit sera 21 ; c'est le nombre qui répond à notre question (**33**).

Comme c'est à ces multiplications élémentaires que se ramènent toutes les autres, on en a réuni les produits dans un tableau nommé *table de multiplication*, qu'il est indispensable de savoir parfaitement, et dont voici la composition :

1	2	3	4	5	6	7	8	9
2	4	6	8	10	12	14	16	18
3	6	9	12	15	18	21	24	27
4	8	12	16	20	24	28	32	36
5	10	15	20	25	30	35	40	45
6	12	18	24	30	36	42	48	54
7	14	21	28	35	42	49	56	63
8	16	24	32	40	48	56	64	72
9	18	27	36	45	54	63	72	81

Dans une 1re ligne les 9 1ers nombres,

dans la 2^e qui commence par 2, leurs produits par 2,

dans la 3^e qui commence par 3, leurs produits par 3,

dans la 4^e qui commence par 4, leurs produits par 4,

dans la 5^e qui commence par 5, leurs produits par 5,

dans la 6^e qui commence par 6, leurs produits par 6,

dans la 7^e qui commence par 7, leurs produits par 7,

dans la 8e qui commence par 8, leurs produits par 8,

dans la 9e qui commence par 9, leurs produits par 9.

Pour y trouver le produit de deux nombres d'un chiffre, par exemple 7×3, il suffit de chercher 7 dans la 1re ligne, puis de descendre au-dessous jusqu'à la 3e ligne où l'on trouve le produit cherché 21.

En examinant avec attention cette table, on y reconnaît une symétrie remarquable, consistant en ce que l'on trouve absolument les mêmes nombres dans le même ordre, soit qu'on la lise par lignes horizontales ou par lignes verticales correspondantes, d'où il suit *que le produit de deux nombres, par ex. :* 7×3, *est le même que celui* 3×7 *des deux nombres permutés l'un dans l'autre.*

Or, comme on peut imaginer la table prolongée à droite, et en bas pour autant de nombres qu'on voudra, on peut regarder le principe précédent comme vrai pour tous les nombres imaginables. On s'en rend d'ailleurs très-bien compte comme ceci.

35. Soit le produit 5×4, écrivons pour le représenter 5 points sur une ligne horizontale et 4 lignes pareilles, il est clair qu'en comptant ces points, nous en aurons 4 fois 5, ou bien le produit 5×4; mais si nous les comptons par files verticales, nous y trouverons 5 fois 4 points ou le produit 4×5; ces deux produits sont donc identiques.

Comme on répéterait un raisonnement semblable sur deux nombres quelconques, on en conclut ce principe général :

PRINCIPE. — *Le produit de deux nombres ne change pas quand on change ces facteurs l'un dans l'autre.*

36. 2ᵉ CAS. Soit à effectuer le produit 534×6 ; on pourrait le trouver en additionnant 6 nombres égaux à 534, mais pour abréger, on n'écrit qu'une fois le multiplicande 534 et l'on répète successivement 6 fois ses unités, 6 fois ses dixaines, 6 fois ses centaines. De cette manière : 6 fois 4 unités font 24 unités, j'écris 4 et je retiens les deux dixaines, 6 fois 3 dixaines 18 et 2 retenues 20 dixaines, j'écris 0 aux dixaines et je retiens 2 centaines, 6 fois 5 centaines 30 et 2 centaines retenues 32 que j'écris aux centaines, en tout 3204 pour le produit.

Multiplicateur... 534
Multplicande.... 6
——————
Produit... 3204

RÈGLE. — D'où l'on conclut en généralisant, que *pour multiplier un nombre de plusieurs chiffres par un nombre d'un seul, on multiplie par le multiplicateur les unités du multiplicande, si le produit ne dépasse pas 9, on l'écrit au-dessous, s'il dépasse 9, on n'en écrit que les unités, et l'on retient les dixaines pour les ajouter au produit de l'ordre d'unités suivant, sur lequel on opère de même et ainsi de suite jusqu'au dernier à gauche, sous lequel on écrit le produit partiel tel qu'on le trouve, le nombre ainsi composé est le produit cherché.*

Remarque. — Le produit total se compose, comme on le voit, de l'ensemble des produits partiels des nombres d'unités de chaque ordre du multiplicande par le multiplicateur, et le *produit de l'ordre le plus élevé* (ici celui des centaines), *se trouve dans les unités de même ordre du produit total; mais il peut s'y trouver réuni à d'autres unités qui proviennent des retenues effectuées sur le produit partiel précédent.* Ainsi dans notre exemple, les 32 centaines du produit, renferment 2 centaines retenues sur le produit des dixaines. De même dans le produit $294 \times 8 = (1)\, 2352$ les 23 centaines contiennent 7 centaines retenues sur le produit partiel des dixaines.

37. 3ᵉ Cas. — Soit à multiplier 5 par 639 ; le produit doit être composé de 639 fois 5, par conséquent on le trouvera en multipliant 5 par 9 puis par 30 et enfin par 600, pour réunir ensuite les produits partiels en un seul nombre.

Or, on le multipliera par 9 d'après le 1ᵉʳ cas (**34**), ce qui donne 45 ; on le multipliera par 30 en le multipliant d'abord par 3, ce qui fait 15, puis le résultat 15 par 10, ce qui fait 150 ou 15 dixaines, et ce nombre 150 renferme 5 pris 10 fois 3 fois ou 30 fois (**14**, 3°), ce qui est bien le produit de 5 par 30.

De même pour multiplier 5 par 600, on le multipliera d'abord par 6, ce qui donne 30, puis ce résultat par 100 (en tout 100 fois 6 fois ou 600 fois 5), ce qui fait 3000 ou 30 centaines.

Reste à faire l'addition de ces trois produits partiels 45 unités, 15 dixaines, 30 centaines et l'on a pour produit total 3195.

$$
\begin{array}{r}
45 \\
15 \\
30 \\
\hline
3195.
\end{array}
$$

Voilà pour l'explication.

En pratique on se dispense d'écrire les produits partiels tout au long pour les additionner ensuite, on n'écrit de chacun que les unités les plus simples et l'on retient les autres pour les additionner au produit suivant. Voici comment on dispose et comment on effectue l'opération : 9 fois 5 45, j'écris 5 unités et je retiens

---

(1). Le signe $=$ placé entre deux nombres exprime leur égalité, on l'énonce *égale.*

4 dixaines, 3 fois 5 15, 15 dixaines et 4 retenues 19, j'écris 9 dixaines et je retiens une centaine, 6 fois 5 30, 30 centaines et 1 31 que j'écris au rang des centaines. Le produit se trouve effectué 3195.

Multiplicande . . .   5
Multiplicateur . . . 639
———
Produit . . . 3195.

RÈGLE. — De là cette règle : *Pour multiplier un nombre d'un chiffre par un nombre de plusieurs, multipliez le multiplicande par le 1ᵉʳ chiffre du multiplicateur, si le produit ne dépasse pas 9*.... (suite comme à la règle du cas précédent, sans changer un mot).

Remarque. — 1. Nous remarquerons encore que le *produit total est la somme des produits partiels du multipticande par les nombres d'unités de chaque ordre du multiplicateur, et que le plus élevé de ces produits* (ici celui des centaines) *se trouve dans les unités du produit qui sont de l'ordre des plus élevés du multiplicateur,* ici les 31 centaines; ce nombre de centaines contient des centaines retenues sur les produits partiels précédents , mais moins de 5, c'est-à-dire *en général moins d'unités de l'ordre le plus élevé, qu'il y a d'unités simples dans le multiplicande;* parce que les deux produits précédents qui les ont fournies ne peuvent valoir 100 fois le multiplicande 5.

Remarque. — 2. Dans le 2ᵉ et le 3ᵉ cas, l'opération se réduit à des multiplications effectuées sur des nombres d'un seul chiffre, d'après la règle du 1ᵉʳ cas (**34**).

38. 4ᵉ CAS. — La théorie ne diffère point de celle du cas précédent, la pratique seulement n'est pas susceptible de la même simplification.

Soit en effet à multiplier 624 par 357, le produit devant se composer de 357 fois 624, on le trouvera en multipliant 624 par 300 , par 50 et par 7 , ou inversement par 7, par 50 et par 300, puis en réunissant les produits partiels.

Or, on sait d'après le 2e cas multiplier 624 par 7, cela donne 4368.

Pour multiplier 624 par 50, on multipliera par 5, ce qui donne (**36**) 3120, puis ce résultat par 10 en l'écrivant au rang des dixaines.

Semblablement on multipliera 624 par 300 en le multipliant d'abord par 3 ce qui donne 1872 et ce résultat par 100 en l'écrivant au rang des centaines.

Il ne reste plus qu'à additionner ces trois produits partiels écrits chacun au rang qui lui convient, on trouve 222768 pour le produit cherché.

L'opération se dispose ainsi.

Multiplicande	624
Multiplicateur	357
Produit partiel du mul^{de} par les unités du mul^{teur}..	4368
Produit partiel du mul^{de} par les dixaines du mul^{teur}..	3120
Prod. part. du mul^{de} par les centaines du mul^{teur}..	1872
Produit total..........	222768

En généralisant la marche qu'on vient de suivre, on arrive à la règle suivante.

RÈGLE. — *Pour faire le produit de deux nombres de plusieurs chiffres, écrivez le multiplicateur sous le multiplicande, soulignez, puis multipliez tout le multiplicande successivement par le nombre d'unités de chaque ordre du multiplicateur d'après la règle du 2e cas, écrivez les produits partiels les uns sous les autres en plaçant le 1er chiffre à droite de chacun sous le chiffre du multiplicateur que vous employez pour l'obtenir, puis additionnez les produits partiels ainsi disposés; leur somme sera le produit cherché.*

39. *Remarque.* — 1. Le produit total se compose, comme dans le cas précédent, de la somme des produits partiels du multiplicande par tous les nombres d'unités de chaque ordre du multiplicateur, celui de l'ordre le plus élevé se trouve dans les unités de même ordre du produit total (ici les centaines), généralement réuni à des unités de cet ordre qui se trouvent dans les produits partiels précédents ; toutefois ces dernières sont toujours en nombre moindre que les unités du multiplicande. La raison en est la même que dans le cas précédent (**37**e Rem. — 1).

Remarque 2. — L'opération dans ce dernier cas se ramenant au 2e, revient par conséquent comme dans celui-ci à une série de multipliccations effetuées sur des nombres d'un chiffre.

40. — Quand les facteurs d'un produit sont terminés par des zéros, on abrège l'écriture dans l'opération. Soit d'abord le multiplicande seul, terminé par des zéros 43000×25 ; d'après la règle ordinaire, il y aurait 3 zéros à la droite de chaque produit partiel et autant au produit total ; il est clair que rien n'empêche de se dispenser d'écrire les premiers, pourvu qu'on rétablisse ceux du produit final ; on multipliera donc en commençant aux chiffres significatifs et l'on mettra à la suite du produit les trois zéros d'abord négligés.

Soit maintenant le multiplicateur lui-même terminé par des zéros 43000×2500, il suffit, comme cela a été expliqué précédemment, de multiplier d'abord par 25 et d'écrire ensuite le produit au rang des centaines, c'est-à-dire d'écrire à la droite du produit les deux zéros qui étaient à la droite du multiplicateur ; ce qui donne 107500000.

$$
\begin{array}{r}
43000 \\
25 \\
\hline
215 \\
86 \\
\hline
1075000
\end{array}
$$

RÈGLE. — En résumé donc, *on fait la multiplication sans s'occuper d'abord des zéros qui peuvent se trouver à droite des facteurs, et l'on écrit à droite du produit total autant de zéros qu'on en a d'abord négligés à la droite des deux facteurs ensemble.*

41. — Vérification. — On vérifie une multiplication en multipliant de nouveau les facteurs changés l'un dans l'autre ; le produit doit être le même s'il n'y a pas eu d'erreur ni dans l'une , ni dans l'autre des opérations. (**35**).

42. — Application. — 1. *Une locomotive parcourt 32 kilomètres à l'heure , combien en aura-t-elle parcouru au bout de 6 heures ?*

Solution. 6 fois 32, c'est-à-dire le produit de 32 par 6 ou 32×6. L'opération effectuée donne après vérification 192. Donc la locomotive a parcouru 192 kilomètres.

2. *Dans un livre la page contient 52 lignes et la ligne 34 lettres , combien de lettres par page ?*

Solution. 52 fois 34 lettres, ou bien le produit de 34 par 52 , c'est-à-dire 34×52. L'opération donne après vérification 1768. Donc il y a par page 1768 lettres.

PRINCIPES RELATIFS A LA MULTIPLICATION.

43. Définition. — On a démontré (**35**) un principe qu'il est utile de généraliser. Une question très-simple va nous montrer un cas où cette généralisation pourrait se présenter.

Problème. — Supposons qu'on veuille *trouver combien il y a de minutes de temps dans 5 semaines.*

Solution. Voici comme on peut raisonner : dans une heure il y a 60 minutes, dans un jour de 24 heures il y en a 24 fois autant ou $60 \times 24 = 1440$, dans une semaine de 7 jours il y a 7 fois autant que dans un jour, ou $1440 \times 7 = 10080$ et enfin dans 5 semaines 5 fois autant que dans une, c'est-à-dire

$10080 \times 5 = 50400$. Il y a donc 50400 minutes dans 5 semaines.

Le nombre obtenu 50400 est dit le *produit* de quatre nombres 60, 24, 7, 5, on l'indique de cette façon $60 \times 24 \times 7 \times 5$.

En général *on nomme produit de plusieurs nombres, le résultat qu'on obtiendrait en multipliant le 1er par le 2e, leur produit par le 3e, le nouveau produit par le 4e et ainsi de suite jusqu'à épuisement de tous les facteurs.*

Or, il est remarquable que dans un produit de plusieurs facteurs, on puisse sans altérer le produit intervertir comme on voudra l'ordre des facteurs, qu'on puisse même si on le juge convenable remplacer dans le cours des multiplications successives deux ou plusieurs facteurs par leur produit effectué. — Ce sont ces principes que nous allons démontrer.

44. Soit un produit $4 \times 2 \times 3 \times 5 \times 7 \times 6$, je dis d'abord *qu'on peut sans altérer la valeur du produit, permuter deux facteurs voisins*, par exemple : 3 et 5 et que l'on a

$$4 \times 2 \times 3 \times 5 \times 7 \times 6 = 4 \times 2 \times 5 \times 3 \times 7 \times 6,$$

d'abord de part et d'autre le produit $4 \times 2 = 8$ est le même ; ensuite pour le multiplier par 3, puis le résultat par 5, on peut faire le tableau suivant :

$$
\begin{array}{ccc}
8 + 8 + 8 & .. & (1) \\
8 + 8 + 8 & .. & (2) \\
8 + 8 + 8 & .. & (3) \\
8 + 8 + 8 & .. & (4) \\
8 + 8 + 8 & .. & (5) \\
\vdots \quad \vdots \quad \vdots & & \\
(1) \quad (2) \quad (3) & &
\end{array}
$$

écrire 8 trois fois sur une 1re ligne et écrire 5 lignes pareilles ; mais en comptant le même tableau par files verticales, on reconnaît qu'il représente aussi bien le produit de 8 par 5, puis par 3, ainsi les deux produits $4 \times 2 \times 3 \times 5$ et $4 \times 2 \times 5 \times 3$ sont égaux ; par conséquent en les multipliant par 7, puis par 6 on aura le même produit final. D'où l'on conclut d'abord que *l'on peut sans altérer un produit de plusieurs facteurs, permuter deux facteurs voisins quelconques.* Cela posé, de quelque manière qu'on déplace un facteur dans un produit, on peut concevoir qu'on le conduise de sa première place à la seconde, en le permutant successivement avec chacun de ceux qui l'en séparent et qui deviennent l'un après l'autre ses voisins, comme ces permutations partielles n'altèrent point le résultat, il en est de même du changement total.

Donc déjà

Principe. — *Dans un produit de plusieurs facteurs, on peut intervertir comme on voudra l'ordre des facteurs sans altérer la valeur du produit.*

45. — L'autre principe découle de celui-là. Ainsi soit le même produit $4 \times 2 \times 3 \times 5 \times 7 \times 6$, je puis y remplacer deux ou plusieurs facteurs, soit 2 et 5 par leur produit effectué 10; car je les fais passer au commencement de la série et le produit $2 \times 5 \times 4 \times 3 \times 7 \times 6$ est égal au premier (**44**); de plus, si j'effectue $2 \times 5 = 10$, je puis le mettre à la place de ses facteurs sans rien altérer, car je ne fais ainsi que commencer à effectuer le produit total, et dans le résultat $10 \times 4 \times 3 \times 7 \times 6$ je puis mettre le produit effectué 10 partout où je veux (**44**). Donc encore

Principe. — *Dans un produit de plusieurs facteurs, on peut remplacer deux ou plusieurs de ces facteurs par leur produit effectué.*

Comme cas particulier, si l'on remplace tous les facteurs excepté un par leur produit effectué, par ex : dans le produit $7 \times 2 \times 3 \times 5$, si l'on remplace $2 \times 3 \times 5$ par le produit effectué 30, on voit qu'il est indifférent de multiplier l'autre facteur 7 par le produit 30, ou bien successivement par les facteurs 2, 3, 5 ce qui s'énonce en disant que

Pour multiplier un nombre par un produit de plusieurs facteurs, on peut le multiplier successivement par les facteurs de ce produit.

46. — Il résulte encore du principe ci-dessus (**44**) que l'on

multiplie un produit par un nombre en multipliant l'un sen-
lement des facteurs par ce nombre.

Ainsi soit le produit 5×8 ; multiplions le facteur 5 par 3 , il
vient $5 \times 3 \times 8$ ou bien en changeant 3 de place $5 \times 8 \times 3$,
c'est-à-dire le produit $5.8 = 40$ multiplié par 3 , comme on
voulait le faire voir.

Remarque générale. — L'application immédiate qu'on peut
faire de ces principes, c'est de grouper plusieurs facteurs en un
produit qui donne lieu à une multiplication facile. Ainsi dans le
problème du n° 43 , au lieu de l'ordre que nous avons suivi
naturellement , nous aurions pu effectuer le produit $60 \times 5 =$
300 qu'on multiplie aisément par 24 , $300 \times 24 = 7200$ et enfin
$7200 \times 7 = 50400$, cette marche est plus rapide.

De même au n° 45 , il est plus facile de multiplier par 10 que
par 2 puis par 5 ; 4 et 25 en général les facteurs de 10 , 100 ,
1000... donnent lieu à des simplifications de ce genre. — Dans
tous les cas on doit combiner les facteurs d'un produit dans
l'ordre qui semble le plus commode.

DIVISION.

47. D́ÉFINITIONS ET NOTATION. — La multiplication , comme
toute opération nouvelle , donne lieu à une opération inverse.
Pour en saisir l'esprit, reportons-nous à la question du n° **33.**
Le prix de 3 mètres de marchandise , à 7 francs le mètre , est le
produit de 7×3 ou 21 francs.

Inversement on peut se proposer cette question : *On veut
acheter pour 21 francs 3 mètres de marchandise ; quel doit être
le prix de chaque mètre ?*

Pour la résoudre , il suffit de décomposer 21 francs en trois
parties égales , dont chacune sera le produit d'un mètre

Cette opération a été nommée *division* (partage), on voit que le nombre cherché 7, est le multiplicande d'un produit donné 21, dont on connaît l'autre facteur 3, on exprime cela en disant que c'est le *quotient* de 21 par 3.

La question du nº **33** donne aussi lieu à cette autre inverse : *Pour* 21 *francs, on veut acheter d'une marchandise à 7 francs le mètre; combien en aura-t-on de mètres ?*

Il est clair qu'on aura autant de mètres que 7 sera contenu de fois dans 21 ; l'opération qu'on a à faire consiste à trouver le multiplicateur 3 d'un produit donné 21, dont on connaît l'autre facteur 7.

Or, il a été démontré (**35**) que les deux facteurs peuvent être considérés comme entrant de la même manière dans la composition d'un produit; cette 2e opération devra donc pouvoir se traiter comme la 1re, c'est pourquoi on l'a nommée aussi *division*, et le multiplicateur 3 a pris aussi le nom de *quotient* de 21 par 7,

Ces deux opérations peuvent donc être regardées comme identiques, en les réunissant dans la même définition générale, nous dirons que

Le quotient d'un nombre par un autre est un 3e nombre tel que si l'on considère le 1er comme un produit, le 2e comme un de ses facteurs, le 3e sera l'autre facteur.

La *division* est alors une opération qui a pour but de trouver le quotient d'un nombre par un autre.

Le nombre que l'on considère comme un produit, prend dans l'opération le nom de *dividende*, l'autre nombre donné est le *diviseur* et tous les deux sont les *termes* du quotient.

Quand on veut seulement indiquer le quotient de deux nombres, on écrit le diviseur au-dessous du dividende en les séparant par un trait, ou bien à sa droite en interposant deux points. Ex. Le quotient de 21 par 7 s'écrit $\frac{21}{7}$ ou 21 : 7; le trait ou les deux points s'énoncent *divisé par.*

48. Puisque le diviseur peut être indifféremment un multiplicande ou un multiplicateur, nous avons le droit, dans la pratique de l'opération, de le considérer comme celui des deux facteurs que nous voudrons. Nous conviendrons, dans la suite, de le regarder comme un multiplicande (rien ne s'opposerait à ce qu'on fît la convention inverse) et *la division comme ayant pour but de trouver combien de fois le diviseur est contenu dans le dividende*. (1)

49. On conçoit qu'on atteigne ce but en soustrayant le diviseur du dividende autant de fois que possible, et comptant combien on a pu faire de ces soustractions successives. A ce point de vue, nous trouvons la même relation entre la division et la soustraction, qu'entre la multiplication et l'addition (**33**).

50. Quand, dans une question, il se présente une division à faire, il arrive quelquefois que le dividende contient le diviseur exactement, comme par exemple 21 : 7; mais le plus souvent il arrive le contraire, comme dans 29 : 7. Dans le 1er cas, 21 contenant 7 exactement 3 fois, le quotient 3 est dit *exact*; dans le 2e, 29 contient 7 trois fois avec 6 unités d'excès, on conserve encore à 3 le nom de *quotient* et l'excès 6 se nomme *reste* de la division; il est toujours plus petit que le diviseur.

51. Alors le dividende n'est plus le produit du diviseur par le quotient, mais seulement ce produit augmenté du reste et l'opération a pour but de trouver le plus grand nombre de fois que le dividende contient le diviseur et avec cela le reste. C'est du moins tout ce que nous nous proposons pour le moment.

52. Puisque la division est l'inverse de la multiplication, nous en établirons la théorie en nous appuyant sur celle-ci, et en demeurant d'accord avec notre convention (**48**).

Nous distinguerons donc quatre cas correspondant à ceux de la multiplication.

____

(1) C'est ce dernier sens qu'exprime le *mot quotient*, du latin *quoties*.

1° Le diviseur n'a qu'un chiffre, le quotient n'en doit avoir qu'un, ce qu'on reconnaît à ce que le dividende est plus petit que 10 fois le diviseur.

2° Le diviseur a plusieurs chiffres, le quotient n'en doit avoir qu'un, ce que l'on reconnaît à ce que le dividende est plus petit que 10 fois le diviseur.

3° Le diviseur n'a qu'un chiffre, le quotient doit en avoir plusieurs, ce qu'on reconnaît à ce que le dividende n'est pas plus petit que 10 fois le diviseur.

4° Le diviseur a plusieurs chiffres, le quotient doit en avoir plusieurs, ce qu'on reconnaît à ce que le dividende n'est pas plus petit 10 fois que le diviseur.

53. 1ᵉʳ Cas. — Il se traite par des soustractions successives, comme on l'a dit plus haut (**49**)

Ex. Soit $\frac{21}{7}$, après avoir soustrait 7 trois fois de suite, on ne trouve plus de reste, donc le quotient est 3 exactement.

Si l'on a $\frac{29}{7}$, après la 3ᵉ soustraction, il reste 6, le quotient est donc encore 3, mais avec un reste, 6.

On emploie avec plus d'avantage la table de multiplication; on y cherche le diviseur dans la première ligne, et l'on descend au-dessous jusqu'à ce qu'on trouve le dividende; s'il y est, le chiffre correspondant de la première file verticale est le quotient exact. S'il n'y est pas, on s'arrête au nombre le plus grand qui soit contenu dans le dividende, le premier chiffre de la ligne où il se trouve exprime le quotient, le reste est la différence entre le dividende véritable et ce dividende auxiliaire de la table.

N. Il est indispensable d'acquérir l'habitude de trouver immédiatement tous ces quotients élémentaires.

54. 2ᵉ Cas. — Supposons d'abord le quotient exact, et soit 4776 à diviser par 597; on pourrait encore trouver le quotient par des soustractions successives, mais il est plus court d'employer une méthode d'essais bien dirigés, comme nous allons l'expliquer.

Le dividende est composé de la somme des produits partiels des ordres d'unités du diviseur 597 par le quotient cherché. Or, en ne considérant que les unités les plus élevées du diviseur 5 et celles correspondantes 47 du dividende, on sait (**36** *Remarque*) que ces 47 centaines contiennent le produit des 5 centaines du diviseur par le quotient cherché ; si elles le contenaient tout seul, en divisant 47 par 5 on obtiendrait pour résultat ce quotient. Mais comme elles peuvent contenir des centaines venant des autres produits partiels, *tout ce qu'on peut craindre* en faisant cette division, *c'est d'obtenir un résultat plus grand que le quotient cherché*. Je trouve ici 9, pour m'assurer avant de l'écrire s'il est convenable, je l'essaie. Il sera bon si le produit du diviseur par 9 peut être soustrait du dividende, sinon il sera trop grand.

On abrège cet essai en multipliant d'abord les plus hautes unités du diviseur et retranchant les produits à mesure qu'on les effectue des unités de même ordre du dividende, de la manière suivante : 9 fois 5 centaines 45 de 47 reste 2 centaines ou 20 dixaines, 9 fois 9 dixaines 81 que je ne puis soustraire des 27 dixaines restantes, donc 9 est trop grand. En procédant ainsi, on évite de faire tout le produit du diviseur par 9. On l'eût fait en commençant par les unités inférieures.

9 étant trop grand, essayons 8 de la même manière ; nous trouverons qu'après avoir soustrait toutes les parties du produit 597 × 8, il ne reste rien, donc 8 est le quotient exact.

Remarque 1.—Lorsque la division doit laisser un reste, en procédant de la même manière, on trouvera évidemment le plus grand nombre de fois que le diviseur est contenu dans le dividende, c'est-à-dire le quotient.

Seulement dans ce cas, il peut se présenter une circonstance propre à abréger l'essai du chiffre du quotient. Pour exemple, soit à diviser 4978 par 597, nous dirons 49 contient 5 9 fois, en essayant 9 on le trouve trop grand ; essayons 8, 8 fois 5 centaines font 40 centaines, de 49, reste 9 centaines. Ce reste n'étant pas plus petit que le chiffre essayé 8, j'en conclus immédiatement, sans pousser l'essai plus loin, que 8 est le vrai quotient, en voici la raison.

Après avoir retranché du dividende le produit des centaines du diviseur par 8, il ne reste plus à soustraire que les deux produits des dixaines et des unités; mais les dixaines et les unités ensemble ne peuvent jamais faire 100, et par conséquent, leur produit par 8 est inférieur à 800, donc dès qu'il reste au dividende seulement 8 centaines, et à plus forte raison 9 comme ici, on est sûr que la soustraction est possible, donc 8 est bon.

Une fois l'essai terminé, on fait le produit du diviseur par le quotient, à la manière ordinaire, puis on le soustrait du dividende, la différence est le *reste* de la division. Ici on trouve 202.

Remarque 2. — On abrège ce dernier travail en faisant simultanément la multiplication et la soustraction, comme ceci : 8 fois 7 56 qu'on ne peut soustraire de 8. J'y ajoute 50, ce qui fait 58, 56 de 58 reste 2 que j'écris sous les unités du dividende ; 8 fois 9 dixaines 72 dixaines et 5 que j'ajoute pour rétablir la différence altérée (**31**) 77 de 77 dixaines (ajouté 7 centaines) reste rien, j'écris 0 aux dixaines ; enfin 8 fois 5 centaines 40 et 7 que j'ajoute pour rétablir la différence 47, de 49 reste 2 que j'écris aux centaines. La différence 202 est le reste de la division.

Dividende. 4978 | 597 Diviseur.
Reste.....   202 | 8   Quotient.

55. 3e Cas. — Supposons d'abord le quotient exact et soit à diviser 1536 par 4. D'abord on reconnaît aisément que le dividende est plus grand que 100 fois le diviseur ou 400, et plus petit que 1000 fois ce même diviseur ou 4000, donc le quotient étant compris entre 100 et 1000, se compose de 3 ordres d'unités, donc le dividende se compose des trois produits partiels du diviseur par les unités, dixaines et centaines du quotient.

Si nous pouvions démêler, dans le dividende, ces trois produits séparément, en divisant chacun d'eux par le diviseur 4, nous obtiendrions, par la règle du 1er cas, le chiffre correspondant du quotient. Or, de ces trois produits, on sait (**37** *Remarque*) que le plus élevé, celui des centaines est dans les centaines du dividende, et que ces 15 centaines peuvent aussi en contenir d'autres provenant des produits précédents, mais moins de 4 ; d'où il résulte qu'en divisant ces 15 centaines par 4, on obtiendra les centaines du quotient cherché, l'opération donne 3. Simplifions actuellement en soustrayant du dividende le produit 12 centaines du diviseur, par ces 3 centaines du quotient, il reste en tout 336 qui ne contient plus que les produits du diviseur par les dixaines et les unités du quotient.

Un raisonnement analogue au précédent nous conduit à diviser les 33 dixaines par 4 pour avoir le chiffre des dixaines du quotient, on trouve 8 ; soustrayons encore des 33 dixaines le produit 32 dixaines du diviseur par les 8 dixaines du quotient et la différence 16 ne contient plus que le dernier des trois produits partiels ; en le divisant donc par 4, on trouve le dernier chiffre du quotient 4 sans reste. Le quotient est donc 384, il est exact.

Voici comment on dispose et comment on pratique l'opération.

$$\begin{array}{l|l}
\text{Dividende. } 1536 & 4 \quad \text{Diviseur.} \\
\hline
\text{Reste.....} \quad\quad 0 & 384 \quad \text{Quotient.}
\end{array}$$

On prend sur la gauche du dividende autant de chiffres qu'il en faut pour contenir le diviseur ; 15 contient 4 3 fois que j'écris au quotient, 3 fois 4 12 de 15 reste 3, 3 centaines et 3 dixaines 33, qui contient 4 8 fois, j'écris 8 aux dixaines du quotient, 8 fois 4 32 de 33 reste 1, 1 dixaine et 6 unités 16 qui contient 4 4 fois, j'écris 4 aux unités du quotient, 4 fois 4 16 de 16 reste rien.

Remarque. — Si le quotient n'est pas exact, l'application du procédé qui vient d'être expliqué le fait voir ; il n'y a pas lieu toutefois de rien retoucher au quotient, puisqu'on a soustrait du dividende le produit du diviseur par ce quotient et que le reste est plus petit que le diviseur.

Règle. — Nous ne donnerons pas l'énoncé de la règle pour ce cas, parce qu'elle ne diffère de celle du cas suivant qu'en ce que les divisions partielles se traitent d'après le 1er cas et que les dividendes partiels, comme 15, 33, 16..., n'étant jamais exprimés que par deux chiffres au plus, on les retient aisément de mémoire, et l'on se dispense de les écrire.

56. 4ᵉ Cas. — Supposons d'abord le quotient exact et soit à diviser 326808 par 612. Un raisonnement en tout point semblable au précédent, conduit à reconnaître que le quotient a trois chiffres, puis à diviser les 3268 centaines du dividende par le diviseur; cette division effectuée d'après le 2ᵉ cas, donne 5 pour le chiffre des centaines du quotient, avec 208 centaines de reste; ces 208 centaines avec les 8 unités non employées au dividende, forment 20808.

La continuation du même raisonnement conduit encore à en diviser les 2080 dixaines par le diviseur, pour avoir les dixaines du quotient; l'opération, faite d'après le 2ᵉ cas, fournit pour quotient 3 et pour reste 244 dixaines qui, avec les 8 unités non encore employées au dividende, donnent 2448. Ce dernier nombre, divisé à son tour par le diviseur (toujours d'après le 2ᵉ cas) donne pour quotient exact 4, qui est le dernier chiffre du quotient total. Ce quotient est donc 534.

On voit donc qu'on y est arrivé au moyen de trois divisions successives effectuées d'après la règle du 2ᵉ cas, que le 1ᵉʳ dividende partiel 3268 a été composé en prenant, sur la gauche du dividende, autant de chiffres qu'il en faut pour contenir le diviseur, le 2ᵉ en abaissant à droite du 1ᵉʳ reste 208, le chiffre suivant 0 du dividende, le 3ᵉ en abaissant à droite du 2ᵉ reste 244, le chiffre suivant 8 du dividende.

Voici la disposition de l'opération :

```
Divid^e. — 1^er divid^de partiel séparé à gauche par un point  3268·08 | 612  Divis^r
          2^e  divid^de partiel. . . . . . . . . . . . . . . . . . .208 0 | ‾‾‾‾
          3^e  divid^de partiel. . . . . . . . . . . . . . . . . . .24 48 | 534  Quot^t
          Reste. . . . . . . . . . . . . . . . . . . . . . . . . . . . 0 |
```

Si la division ne donne pas un quotient exact, on le voit bien quand elle est faite en suivant le procédé qui vient d'être expliqué. Mais alors, bien que le raisonnement ne soit pas complètement exact, on a trouvé néanmoins le quotient et le reste, puisque le produit du diviseur, par ce quotient, a pu être soustrait du dividende, et que le reste est plus petit que le diviseur. On peut donc, dans tous les cas, suivre la règle que voici :

Règle. — *Écrivez le diviseur à droite du dividende en les séparant par un trait vertical, soulignez le diviseur, puis prenez, sur la gauche du dividende, autant de chiffres qu'il en faut pour contenir le diviseur, vous aurez, de la sorte, un 1er dividende partiel, que vous diviserez par le diviseur, d'après la règle du 2e cas, écrivez le chiffre du quotient obtenu sous le diviseur, et abaissez, à droite du reste, le chiffre suivant du dividende, cela fournit un 2e dividende partiel, sur lequel vous opérerez comme sur le 1er, et ainsi de suite, jusqu'à ce que tous les chiffres du dividende soient employés. Il faut avoir soin d'écrire les chiffres des quotients partiels à mesure qu'on les trouve, à la suite l'un de l'autre, leur ensemble forme le quotient cherché. — Si l'un des dividendes partiels ne contenait pas le diviseur, il faudrait écrire un zéro au quotient, abaisser le chiffre suivant à droite de ce dividende partiel, et continuer suivant la règle.*

57. Abréviations. — 1° Quand les deux termes du quotient sont terminés par des zéros, on peut abréger l'écriture dans l'opération, en négligeant autant de zéros qu'il y en a dans celui des deux qui en a le moins, sauf à les rétablir à la droite du reste, s'il y en a un. Un exemple le fera comprendre : soit 652000 à diviser par 2300 ; le nombre de fois que 2300 est contenu dans 652000, et le nombre de fois que 23 centaines sont contenues dans 6520 centaines, sont évidemment le même nombre, faisons donc la division de 6520 par 23, le quotient 283 est le quotient cherché et le reste est 11 centaines ou, en rétablissant les deux zéros, 1100.

$$
\begin{array}{r|l}
6520\ 00 & 23\ 00 \\
192 & \rule{2em}{0.4pt} \\
80 & 283 \\
11\ 00 &
\end{array}
$$

2º Lorsque le quotient doit être exprimé par beaucoup de chiffres, il est souvent commode de commencer par faire un tableau des produits du diviseur par les neuf premiers nombres, 1, 2, 3..., 9; puis quand on effectue une division partielle, l'inspection du tableau fait connaître immédiatement le plus grand de ces produits que contienne chaque dividende partiel, et par suite, le chiffre correspondant du quotient, qui est le numéro d'ordre de ce produit; il n'y a plus à multiplier le diviseur par ce nombre, le produit étant tout fait dans le tableau, une simple soustraction donne le reste correspondant.

58. *Remarque.* — Le 2e cas de la division se ramène au 1er, ainsi que le 3e; le 4e d'ailleurs se ramène au 2e; tous reviennent donc, en fin de compte, à une série de divisions élémentaires du 1er cas.

59. Vérification. — Pour vérifier une division, il suffit de faire le produit du diviseur par le quotient, et d'y ajouter le reste, s'il y en a un; le résultat doit reproduire le dividende (**47** et **51**), si l'on a bien opéré. Si donc on trouve ce résultat, il y a lieu de croire que les opérations sont exactes.

60. Applications. — 1. *Combien y a-t-il d'heures dans 675 minutes.*

Solution. Une heure se composant de 60 minutes, autant 60 minutes seront contenues de fois dans 675, autant il y aura d'heures; le nombre demandé est donc le quotient $\frac{675}{60}$. On le trouvera en effectuant la division indiquée. L'opération donne, après vérification, 11 avec 15 de reste. Donc il y a 11 heures et 15 minutes.

2. *Une succession de 63427ᶠ doit être partagée également entre 4 héritiers; quelle est la part de chacun ?*

Solution. — Chaque part est telle que multipliée par 4, elle donne pour produit 63427, elle est donc représentée par le quotient $\frac{63427}{4}$. La division donne, après vérification, 15831 fr.,

avec 3 de reste. Chaque héritier aura donc, pour sa part,
15831 francs, et il restera 3 francs.

PRINCIPES RELATIFS A LA DIVISION.

61. Il résulte du principe (**45**) de la multiplication, un
principe analogue pour la division, principe susceptible des
mêmes applications.

Principe.— *On divise un nombre par un produit de plusieurs
facteurs en le divisant par le 1ᵉʳ, le quotient par le 2ᵉ, le nouveau
quotient par le 3ᵉ, et ainsi de suite.*

Soit en effet 360 que je divise par 2, 3, 5; le 1ᵉʳ quotient
$\frac{360}{2} = 180$, le 2ᵉ $\frac{180}{3} = 60$, le 3ᵉ $\frac{60}{5} = 12$. Or, je dis que le quotient final 12 est le même que si l'on eût divisé 360 par 30 qui
est le produit de $2 \times 3 \times 5$. Pour nous en rendre compte observons que

d'après la 1ʳᵉ division on a. . . . . $360 = 2 \times 180$
d'après la 2ᵉ division et le principe (**45**) on a $180 = 3.60$ d'où $360 = 2 \times 3 \times 60$
d'après la 3ᵉ division et le même princ. on a $60 = 5.12$ d'où $360 = 2 \times 3 \times 5 \times 12$
   Ou bien en remplaçant (**45**) $2 \times 3 \times 5$, par le produit
   effectué 30. . . . . $360 = 30 \times 12$

12 est donc bien, comme nous voulions le montrer, le quotient
de 360 par 30.

Un raisonnement pareil se répèterait sur des nombres quelconques, l'on est donc en droit de regarder le principe comme
général. Toutefois la démonstration que nous avons donnée suppose expressément qu'aucune des divisions ne donne de reste.
Il y aura lieu plus tard de faire disparaître cette restriction.

62. Principe. — *Quand on divise un facteur d'un produit
par un nombre, le produit se trouve divisé par ce nombre.* Soit

le produit $7 \times 30 = 210$: divisons le facteur 30 par 5, il viendra 6 pour quotient $30 = 5 \times 6$, et le produit primitif 7×30 ou $7 \times 5 \times 6$ (**45**) deviendra 7×6, c'est-à-dire ce qu'il était, divisé par 5.

63. Principe. — *Enfin quand on multiplie ou qu'on divise à la fois les deux termes d'un quotient par un nombre, le quotient n'est pas altéré; mais le reste, s'il y en a un, est multiplié ou divisé par ce nombre.*

Soit, pour exemple, le quotient de 53 par 8 qui égale 6 avec 5 pour reste, et supposons qu'on multiplie le dividende 53 et le diviseur 8 par 3. Par définition, le dividende 53 se compose du produit 8×6 du diviseur par le quotient, et du reste 5 ; or, quand on multiplie 53 par 3, on en multiplie toutes les parties, d'abord la 2e qui est le reste 5 sera multipliée ; quant à la 1re, elle sera multipliée (**46**), quand on aura multiplié seulement le diviseur 8, sans toucher au quotient 6. Ainsi le reste sera multiplié et le quotient n'aura point changé, ce qu'on vérifie aisément.

On ferait voir de même l'effet de la division des deux termes.

PROPRIÉTÉS ÉLÉMENTAIRES DES NOMBRES.

DIVISIBILITÉ.

64. Définitions. — Il importe quelquefois de savoir trouver rapidement le reste d'une division et en particulier de reconnaître vite quand ce reste est nul, c'est-à-dire quand le quotient est exact. Voici les principes sur lesquels on s'appuie dans ces recherches.

On dit qu'un nombre est *divisible* par un autre, quand divisé par lui, il donne un quotient exact. Exemple : 20 est divisible par 5. Inversement, un nombre qui en divise exactement un autre, comme 5 divise 20, est dit un *diviseur*, un *facteur*, une *partie aliquote* ou un *sous-multiple* de cette autre. Tous ces mots ont le même sens.

Un *multiple* d'un nombre, est un nombre produit de celui-ci par un nombre entier ; 20, par exemple, est multiple de 4, puisque $20 = 4 \times 5$. Il est clair qu'un multiple d'un nombre est divisible par lui.

65. Principe 1. — *Un nombre qui en divise plusieurs autres, divise leur somme.*

Démonstration. — Ainsi 3 , qui divise 18 et 12, divise leur somme 30. Car 12 et 18 se composant l'un et l'autre d'un certain nombre de groupes de 3 unités, leur somme 30 se composera de tous ces groupes et sera divisible par 3 , le dernier quotient étant d'ailleurs égal à la somme des deux premiers.

66. Il résulte de là *qu'un nombre qui en divise un autre en* *divise aussi les multiples;* puisque chacun de ces multiples peut être considéré comme la somme de plusieurs nombres égaux au nombre primitif. Exemple : 3 divisant 12, divise 24, 36, 48, etc., qui sont des multiples de 12.

67. Principe 2. — *Un nombre qui en divise deux autres, divise leur différence.*

Démonstration. — Soit en effet 3, qui divise 12 et 18, c'est-à-dire que 12 et 18 se composent de groupes de 3 unités, l'un de 4 groupes, l'autre de 6, leur différence 6 se composera évidemment de (6—4) ou 2 groupes de 3, c'est-à-dire, sera un nombre divisible par 3, le dernier quotient étant égal à la différence des deux autres.

68. Il résulte des nos **65, 66, 67**, deux conséquences très-simples, et appliquées souvent : 1° *Tout nombre qui en divise deux autres, divise le reste de leur division;* parce que ce reste est la différence entre deux nombres qu'il divise, le dividende d'une part et de l'autre le produit du diviseur par le quotient, produit qui est un multiple du diviseur.

2° *Un nombre qui divise le diviseur et le reste d'une division, divise le dividende,* parce que ce dividende est la somme de deux nombres qu'il divise, savoir le reste et le produit du diviseur par le quotient, produit qui est un multiple du diviseur.

69. Principe 3. — *Quand, dans un nombre, il se trouve une partie multiple d'un autre nombre, la 2e partie, divisée par ce nombre, donne le même reste que la division du nombre primitif tout entier.*

Par exemple, soit le nombre 47 composé d'une partie 28, divisible par 7, et d'une 2e 19 ; on peut toujours concevoir qu'on divise 47 par 7, en effectuant des soustractions successives ; or, quand on aura soustrait ainsi 28, qui est égal à 4 fois 7, il n'y aura plus qu'à continuer sur 19, et le reste de cette division partielle sera celui de la division de 47. c. q. f. d.

D'où l'on conclut aussi qu'en augmentant ou diminuant un dividende d'un multiple du diviseur, on n'altère pas le reste.

70. A l'aide de ces propositions, nous allons apprendre à trouver le reste d'une division assez facilement, sans faire l'opération, mais dans un petit nombre de cas seulement.

La marche que nous suivrons, dans cette recherche, consiste à décomposer les nombres en deux parties, l'une multiple du diviseur en question, l'autre qui donne le même reste que le nombre tout entier (**69**); c'est l'examen de cette dernière qui conduit au moyen de trouver le reste.

71. *Reste d'une division par* 2. Les seuls restes que peut donner ce diviseur sont 0 et 1 et dans la série naturelle des nombres, on trouve que ceux qui donnent ces restes se succèdent alternativement. Les uns, divisibles par 2, sont qualifiés de *pairs*, les autres d'*impairs*; on voit clairement que tout nombre impair vaut un nombre pair augmenté d'1.

Le reste des nombres d'un chiffre est facile à trouver ; 2, 4, 6, 8, donnent les reste 0, ce sont des chiffres *pairs* ; tous les autres donnent le reste 1.

Quant aux nombres de plusieurs chiffres, on peut les partager en dixaines et unités ; les dixaines étant multiples de 10, sont comme lui divisibles par 2 et par conséquent (**69**), le reste du nombre est le même que celui de son dernier chiffre.

D'où il suit *qu'un nombre est divisible par* 2, *si son dernier chiffre est* 0, 2, 4, 6, 8.

72. *Reste d'une division par* 5.—Parmi les nombres simples, 5 est le seul qui donne pour reste 0 ; quant aux autres, ceux qui sont plus petits que 5 sont eux-mêmes les restes et ceux qui sont plus grands donnent pour reste leur excès sur 5.

Les nombres de plusieurs chiffres se décomposent encore en dixaines divisibles par 5 et en unités. De sorte que le reste est encore, comme précédemment, le même que celui du dernier chiffre.

Donc, *un nombre est divisible par 5, quand son dernier chiffre est 5 ou 0.*

73. On reconnaîtrait, d'une manière analogue, que le reste de la division par $4 = 2 \times 2$ ou par $25 = 5 \times 5$, est le même que celui de l'ensemble des dixaines et des unités et que la division, par ces nombres, est exacte quand l'ensemble des dixaines et des unités forme un nombre divisible lui-même.

74. *Reste d'une division par 9.* — On voit aisément qu'une unité d'un ordre quelconque est égale à un multiple de 9 plus 1. Ainsi, par exemple, $1000 = 999 + 1$ et 999 est multiple de 9. Par conséquent, un nombre formé d'un chiffre significatif suivi d'autant de zéros qu'on veut, est égal à un multiple de 9 augmenté de la valeur absolue du chiffre significatif ; 5000 par exemple équivaut à 5 fois 1000 ou à 5 fois $(999 + 1)$, c'est-à-dire, à 5 fois $999 + 5$ fois 1 ou à $999 \times 5 + 5$.

Cela posé, soit un nombre de 53864, on peut le décomposer comme ceci :

$$53864 = 50000 + 3000 + 800 + 60 + 4 \quad \text{ou}$$
$$= 9999 \times 5 + 999 \times 3 + 99 \times 8 + 9 \times 6$$
$$+ \quad 5 \quad + \quad 3 \quad + \quad 8 \quad + 6 + 4$$

La 1re ligne est une somme de multiples de 9, donc le reste du nombre est le même que celui de la 2e ligne qui est la somme des chiffres significatifs. Comme ce raisonnement s'appliquerait à un nombre quelconque, on en conclut cette proposition générale : *le reste d'un nombre divisé par 9, est le même que celui de la somme des valeurs absolues de ses chiffres.*

Par suite, *le reste sera zéro et le nombre divisible par 9, si cette dernière somme est un multiple de 9.*

Quand on cherche un reste par 9, on abrège en retranchant 9 aussitôt qu'on a trouvé 9 unités dans la portion de somme effectuée.

Dans l'exemple précédent. Voici comme on opèrerait : 4 et 6 10 , j'ôte 9 , il reste 1 et 8 9 , j'ôte 9 ; 3 et 5 8 ; le reste est 8.

Reste d'une division par 3. — Puisque 9 est divisible par 3, tous les multiples de 9 seront aussi multiples de 3 et le raisonnement précédent , ainsi que ses conclusions , seront applicables à 3 en tous points.

75. On peut faire une application de la théorie des restes , à la vérification des opérations de l'Arithmétique. Le principe de ces vérifications consiste à calculer d'avance le reste du résultat, par rapport à un diviseur qu'on a choisi et à le déterminer ensuite directement sur le résultat calculé ; il doit être le même , si les opérations sont bien faites.

Preuve de la Multiplication par 9. — On applique , par exemple , cette méthode à la vérification de la multiplication et de la division ; le diviseur qu'on emploie habituellement est 9.

Cherchons comment le reste du produit est composé avec ceux des facteurs. Soit, pour cela, le produit des nombres 49×33

$$\text{Le multiplicande } 49 = 45 + 4$$
$$\text{Le multiplicateur } 33 = 27 + 6$$

Or le produit devant contenir 33 fois 49 ou 33 fois $(45 + 4)$, se composera de 27 fois $(45 + 4)$ ou $45 \times 27 + 4 \times 27$ et de 6 fois $(45 + 4)$ ou $45 \times 6 + 4 \times 6$; en tout 4 parties.

$$45 . 27 + 4 . 27 + 45 . 6 + 4 . 6$$

Desquelles les trois premières sont multiples de 9 ; *donc* (**69**) *le reste du produit est le même que celui du produit des restes des facteurs.* Remarquons en passant que cette proposition est généralement vraie pour un diviseur quelconque.

On vérifiera donc une multiplication en calculant les restes des facteurs , et le reste du produit de ces restes ; il doit être le même que le reste du produit calculé.

Ainsi , dans l'exemple considéré , le produit des restes 6 et 4 est 24 , son reste est 6 , le même que celui du produit $1617 = 49 \times 33$, il y a lieu de croire que 1617 est le vrai produit.

Preuve de la division par 9. — On vérifie une division en soustrayant du dividende le reste s'il y en a un et vérifiant, par la méthode qu'on vient d'expliquer, si la différence est bien le produit du diviseur par le quotient.

Il est clair d'ailleurs que ces preuves, comme toutes les autres, ne fournissent qu'une probabilité plus ou moins grande ; car ; indépendamment des erreurs qui pourraient se glisser dans le calcul des restes sans résultat apparent, on conçoit que le produit qu'on vérifie pourrait être en erreur sur le vrai produit d'un multiple du diviseur employé et que le reste n'en serait point changé.

DU PLUS GRAND COMMUN DIVISEUR.

76. Définition. — Parmi les diviseurs qui peuvent être communs à des nombres donnés, il y en a nécessairement un plus grand que les autres, on le nomme *le plus grand commun diviseur* ; c'est de celui-là que nous allons nous occuper.

Pour abréger le langage, on appelle *nombres premiers entre eux*, des nombres qui n'ont aucun diviseur commun, autre que l'unité et *nombre premier absolu*, tout nombre qui n'a d'autre diviseur que lui-même et l'unité.

77. *Recherche du plus grand commun diviseur de deux nombres.* — Soient deux nombres 4512 et 354, dont nous voulons trouver le plus grand commun diviseur.

Il est clair d'abord que le plus petit nombre 354 se divisant lui-même et étant le plus grand qui se divise lui-même, s'il divisait en même temps 4512, il serait le plus grand diviseur cherché. Essayons la division, nous trouvons un reste 264, donc 354 n'est pas le plus grand commun diviseur en question. Mais on sait (**68**) que tous les diviseurs communs à 4512 et à 354 le sont aussi au reste de leur division et inversement que tous les diviseurs communs au diviseur 354 et au reste 264 le sont au dividende 4512; donc, ce sont les mêmes de part et d'autre et le plus grand des premiers diviseurs est le plus grand des seconds. De sorte que le plus grand commun diviseur de 4512 et de 354, est le même que celui de 354 et du reste 264. En raisonnant sur ces deux nombres comme sur les deux premiers, nous sommes conduits à diviser 354 par 264, puis ce dernier par le reste 90, ce reste par le nouveau reste et ainsi de suite jusqu'à ce que nous trouvions une division exacte. Le dernier diviseur sera le plus grand commun diviseur cherché.

On est d'ailleurs sûr de finir par obtenir un reste nul puisque tous les restes successifs vont en diminuant.

Ici, après cinq divisions, on trouve un reste nul avec le diviseur 6, 6 est donc le plus grand commun diviseur.

Voici la disposition usitée pour l'opération et la règle générale.

		12	1	2	1	14
Quotients...............						
Dividende et diviseurs..4512		354	264	90	84	6
Restes.............	972 264	.0	.84	.6	24 .0	

RÈGLE. — *Diviser le plus grand nombre par le plus petit; s'il n'y a pas de reste, le plus petit nombre est lui-même le plus grand commun diviseur. S'il y a un reste, traitez le précédent diviseur et le reste, comme vous avez traité les deux nombres primitifs et continuez de la sorte jusqu'à ce que vous obteniez un reste nul. Le dernier diviseur employé, sera le plus grand commun diviseur cherché.*

Remarque. — Observons en passant que notre raisonnement démontre, *que le plus grand commun diviseur de deux nombres est le même que celui du plus petit de ces nombres et du reste de leur division; le même aussi que celui de deux diviseurs consécutifs quelconques.*

78. Si l'on répétait à chacune des divisions successives le raisonnement qu'on a fait à la première, on finirait par reconnaître à la dernière que tous les diviseurs communs aux deux nombres, le sont à leur plus grand commun diviseur. — C'est-à-dire, en d'autres termes *que tout nombre qui en divise deux autres, divise leur plus grand commun diviseur.*

79. S'il se présente dans la recherche du plus grand commun diviseur deux diviseurs consécutifs manifestement premiers entre eux, il est superflu de continuer l'opération, car il est clair que les nombres en question sont premiers entre eux.

80. On peut quelquefois simplifier l'opération en remarquant *que quand on multiplie ou divise deux nombres par un autre, leur plus grand commun diviseur est aussi multiplié ou divisé par cet autre.* Cette proposition est une conséquence du n°**63**, car tous les restes successifs de l'opération, sont multipliés ou divisés par le nombre en question et le plus grand commun diviseur est le dernier de ces restes.

Donc, si l'on aperçoit un facteur commun à deux restes successifs, on peut le supprimer, continuer l'opération sur les deux nombres résultants et multiplier le plus grand commun diviseur trouvé par le facteur supprimé, ce qui rétablit sa valeur momentanément altérée. Par exemple, étant donnés les nombres 2400 et 360, on peut supprimer le facteur 10 qui leur est commun et le rétablir au plus grand commun diviseur 12 trouvé, ce qui fait 120 pour le plus grand commun diviseur cherché.

Du principe précédent, on déduit que *si l'on divise deux nombres par leur plus grand commun diviseur, les quotients seront premiers entre eux, puisque* leur plus grand commun diviseur sera l'unité.

81. Voici des propositions importantes dont la démonstration s'appuie sur la théorie du plus grand commun diviseur.

PROPOSITION. — *Tout nombre qui divise un produit de deux facteurs et qui est premier avec l'un, divise l'autre.*

Soit 3, qui divise le produit $30 = 6 \cdot 5$, et qui est premier avec 5; je dis qu'il divise 6. En effet, le plus grand commun diviseur de 5 et 3 est 1; multiplions l'un et l'autre nombre par 6, le plus grand commun diviseur des produits $5 \cdot 6$ et $3 \cdot 6$, sera $1 \cdot 6$ ou 6. Or, 3 divise par supposition $5 \cdot 6$, il divise aussi $3 \cdot 6$ qui est multiple de 3, donc (**78**) il divise leur plus grand commun diviseur 6, comme on voulait le faire voir.

82. PROPOSITION. — D'après cela, *si un nombre premier absolu divise un produit de deux ou plusieurs facteurs, il divise au moins l'un d'eux.*

Car soit 7 qui divise le produit $9 \times 5 \times 3 \times 14 = 1890$. S'il ne divise pas un facteur simple 9, *il est premier avec lui*, il doit diviser (**81**) l'autre facteur complexe $5 \cdot 3 \cdot 14$; divisant ce dernier produit, s'il ne divise pas 5, il divisera $3 \cdot 14$, et enfin si divisant $3 \cdot 14$, il ne divise pas 3, il divisera 14. Il divisera donc un des facteurs.

83. Il résulte encore du n° **81** *que si un nombre est divisible séparément par deux autres premiers entre eux, il l'est par leur produit.*

Soit en effet 84, divisible séparément par 7 et 4 qui sont premiers entre eux; effectuons la division par l'un d'eux 7, le quotient est 12, et l'on a $84 = 7 \cdot 12$. Or, 4 divise 84 et est premier avec 7; donc (**81**) il divise 12. Si l'on effectue cette dernière division, 84 se trouvera (**61**) divisé par $7 \cdot 4$, donc il est divisible par ce produit.

Corollaire 1. (1) — Une conséquence immédiate de ceci, c'est que si l'on reconnaît, sur un nombre, les caractères de divisi-

(1) *Corollaire* signifie une conséquence immédiate d'une propositon ordinairement assez claire, pour qu'on puisse se dispenser de la démontrer.

bilité par 3 et 2, on peut conclure que ce nombre est divisible par $6 = 3 \cdot 2$.

Corollaire 2. — Le théorème précédent s'étend facilement à plusieurs facteurs premiers entre eux deux à deux.

Ainsi, pour fixer les idées, 84 est divisible par 2, 3, 7, qui sont premiers entre eux deux à deux ; je dis qu'il l'est par leur produit. En effet, divisant par 2, il vient $84 = 2 \cdot 42$, 3 et 7 étant premiers avec 2, divisent l'un et l'autre 42 (**81**) ; donc, 42 est divisible par leur produit, et par suite (**62**) 84 l'est aussi. Il l'est donc par le produit des deux facteurs 2 et $3 \cdot 7$, ou bien par $2 \cdot 3 \cdot 7$, comme on voulait le faire voir.

NOMBRES PREMIERS

84. On a défini les nombres premiers (**76**).

Voici une manière de construire une table de nombres premiers :

Imaginons écrite la série naturelle des nombres aussi loin que ce sera nécessaire ; puis, partant de 2, effaçons à la suite tous les nombres pairs successifs, revenant à 3, effaçons de même tous les multiples de ce nombre. Retournons au premier nombre non-effacé après 3 ; c'est 5 ; effaçons tout de 5 en 5, revenons au premier nombre non-effacé qui suit 5 ; c'est 7 ; effaçons de 7 en 7… et continuons indéfiniment ; il est clair qu'il ne restera, dans la série de nos nombres, que ceux jouissant de la propriété de n'avoir aucun diviseur plus petit qu'eux (autre que l'unité), or, c'est une propriété qui n'appartient évidemment qu'aux nombres 1ers.

85. Tous les nombres non premiers au contraire, sont divisibles par des facteurs plus petits qu'eux (par définition). Je dis de plus que *tout nombre non premier peut être considéré comme un produit de facteurs premiers.*

En effet, puisqu'il n'est pas premier, il est divisible par quelque nombre, et par conséquent, décomposable en deux facteurs, le diviseur et le quotient. Si ceux-ci sont premiers, la proposition est vraie, sinon on les décomposera d'une manière analogue, et l'on continuera jusqu'à ce que l'on arrive à des facteurs premiers, ce qui aura lieu certainement puisque les facteurs diminuant à chaque division, on atteindra le facteur 2, si l'on n'en a pas trouvé d'autres premiers avant lui. — Le nombre est donc décomposable en facteurs premiers.

86. DÉCOMPOSITION DES NOMBRES EN FACTEURS PREMIERS. — C'est de cette décomposition que nous allons nous occuper; et d'abord je dis qu'*un nombre ne peut être décomposé qu'en un seul système de facteurs premiers.*

1° Soit d'abord 30 décomposé en ses facteurs premiers 2, 3, 5, tous différents. Tout nombre premier absolu qui divise 30, doit diviser (**83**) un de ses facteurs 2, 3, 5, mais ils sont tous premiers, c'est-à-dire que chacun n'admet d'autre diviseur que lui-même et l'unité, donc il n'y a pas d'autres facteurs premiers que ceux-là qui divisent 30.

2° Soit maintenant 120 composé des facteurs $2 . 2 . 2 . 3 . 5$. Le facteur 2 étant trois fois dans le produit, il n'est point possible de trouver un mode de décomposition en facteurs premiers où 2 entre moins de 3 fois; car, supposons qu'il existe un système où 2 n'entrerait que 2 fois; après avoir divisé 120 par ce produit $2 . 2$, le quotient serait équivalent à $\frac{120}{2\times2}$ ou $2 . 3 . 5$, il devrait donc encore contenir le facteur 2 une fois (1°). Ainsi, il n'est pas possible que ce facteur 2 ne se trouve 3 fois dans ce système comme dans le premier. Donc, en général, *que tous les facteurs premiers d'un nombre soient différents ou que quelques-uns soient les mêmes, il est impossible de le décomposer en plusieurs systèmes de facteurs premiers.* Il suit de là que, de quelque manière qu'on s'y prenne pour décomposer un nombre facteurs premiers, lorsque la décomposition sera effectuée, le résultat sera le même.

87. La méthode habituellement suivie consiste à essayer s'il est divisible par les nombres premiers 2, 3, 5, 7, etc., par ordre de grandeur ; quand une division est possible, on écrit le diviseur qui est un des facteurs premiers cherchés et l'on traite le quotient de la même manière, et ainsi de suite, jusqu'à ce qu'on arrive à un quotient reconnu premier absolu. Ainsi on divise le nombre par 2, si la division réussit, on divise le quotient par 2, si l'on réussit, on divisera encore le quotient par 2 et ainsi de suite, jusqu'à ce qu'on ait un quotient qui ne soit plus divisible par 2 ; alors on essaie par 3 autant de fois que possible, et de même pour 5, 7, etc. Si aucun nombre premier ne divise le nombre donné, c'est qu'il est premier lui-même.

Voici un exemple de la manière de conduire l'opération. Soit 2520 à décomposer, je l'écris et trace à sa droite une ligne verticale ; je reconnais qu'il est divisible

$$
\begin{array}{r|l}
2520 & 2 \\
1260 & 2 \\
630 & 2 \\
315 & 3 \\
105 & 3 \\
35 & 5 \\
7 & 7 \\
\end{array}
$$

par 2, j'écris ce facteur à droite, et le quotient 1260 au-dessous de 2520 ; ce quotient est divisible par 2, je le traite de même, ainsi que le suivant 630 ; celui qui vient après 315 n'est plus divisible par 2, mis il l'est par 3, j'écris 3 à sa droite, de même pour le facteur 105 ; le quotient suivant 35 est divisible par 5 que j'écris à droite, et le quotient 7 étant premier n'est divisible que par lui-même, que j'écris vis-à-vis, et par l'unité qu'il est superflu d'écrire.

Le nombre 2520 est donc égal (**61**) à 2 . 2 . 2 . 3 . 3 . 5 . 7.

ou décomposé dans les facteurs premiers 2 . 2 . 2 . 3 . 3 . 5 . 7.

Pour abréger l'écriture, quand un facteur premier entre plusieurs fois dans un nombre, comme ici 2, on ne l'écrit qu'une fois en mettant à sa droite un chiffre qui indique combien on doit le prendre de fois et qu'on nomme *exposant*; ainsi 2 . 2 . 2 s'écrit 2^3, qu'on énonce 2 *avec exposant* 3 ou 2 *exposant* 3. Quand un facteur ne se trouve qu'une fois, on peut le regarder comme ayant l'exposant 1.

88. Quand on traite un des quotients successifs, il est superflu d'essayer de le diviser par un facteur premier plus petit que celui dont il provient. Par exemple 105 provient du diviseur 3, il ne sera pas divisible par le facteur premier 2 qui est plus petit que 3. Car le quotient précédent 315 = 3 . 105, et 2 ne peut diviser 105 sans diviser 315 ; or, celui-ci n'est plus, par supposition, divisible par 2 ; donc, etc...

89. Quand on essaie ainsi la série naturelle des facteurs premiers, on obtient des quotients de plus en plus petits, à mesure qu'on essaie des nombres plus grands ; si l'on arrive à un quotient plus petit que le diviseur employé, sans qu'aucune des divisions précédentes ait été exacte, on peut s'arrêter là et conclure que le nombre qu'on traite est premier. Car tout facteur premier plus grand qu'on pourrait essayer ensuite, ne conduirait, à plus forte raison, qu'à un quotient plus petit que lui. Et comme on a reconnu qu'aucun des facteurs premiers plus petits que lui ne divise le nombre en question, ce quotient, qui ne peut être composé que de pareils facteurs, ne peut le diviser ni, par conséquent, l'essai qu'on ferait réussir sans reste. Ainsi, soit 97 qu'on cherche à décomposer ; divisé par 2, 3, 5, 7, 11, il donne les quotients 48, 32, 19, 13, 8, tous inexacts, 8 étant plus petit que 11 qui l'a fourni, on s'arrête et l'on conclut que 97 est un nombre premier.

90. On conclut de là *que pour qu'un nombre en divise un* *autre, il faut qu'il ne se compose que des facteurs premiers de cet autre, et qu'il ne contienne aucun d'eux plus de fois que lui.*

Par exemple, un nombre ne sera diviseur de $120 = 2^3 . 3 . 4$, que s'il se compose uniquement des facteurs de 120 et ne contient aucun plus de fois que 120 lui-même, sans quoi 120 pourrait être décomposé en facteurs premiers de plusieurs manières.

Cette condition d'ailleurs est suffisante.

DU PLUS PETIT MULTIPLE

COMMUN A PLUSIEURS NOMBRES.

91. Définitions. — Parmi la série illimitée des multiples qui peuvent être communs à plusieurs nombres, il y en a un plus petit que tous les autres et qu'il est utile de savoir déterminer. La décomposition des nombres en facteurs premiers fournit un procédé facile pour y arriver.

En effet, en énonçant autrement la proposition (**90**), on voit que, *pour qu'un nombre soit multiple d'un autre, il suffit et il est nécessaire qu'il contienne tous les facteurs premiers de ce nombre, et chacun au moins autant de fois que lui.*

Par suite, tous les multiples communs à plusieurs nombres rempliront ces conditions vis-à-vis de chacun d'eux, et il est clair que, parmi eux, celui-là sera le plus petit qui renfermera chacun des facteurs premiers de tous les nombres le moins de fois possible, c'est-à-dire seulement le nombre de fois que le contient celui des nombres donnés qui le contient le plus. Rien donc de plus facile que de déterminer ce plus petit multiple de plusieurs nombres, quand ils sont décomposés en facteurs premiers (**87**).

Soit, par exemple, $48 = 2^4 . 3$ $60 = 2^2 . 3 . 5$ et $50 = 2 . 5^2$; leur plus petit multiple commun devant se composer de 4 fois le facteur 2, puisque 48 le contient 4 fois, d'une fois le facteur 3 et de 2 fois le facteur 5 qui se trouve 2 fois dans 50 qui le contient d'avantage; ce plus petit commun multiple, dis-je, sera le produit $2^4 . 3 . 5^2 = 1200$.

Il est multiple de chacun des nombres proposés puisqu'il contient tous ses facteurs, et d'ailleurs, avec l'un quelconque de ses facteurs de moins, il cesserait d'être multiple de quelqu'un des nombres proposés, c'est donc bien le plus petit multiple.

RÈGLE. — Ainsi, *pour calculer le plus petit multiple de plusieurs nombres, il suffit de les décomposer tous en leurs facteurs premiers, et de composer un produit de tous ces facteurs divers, en prenant chacun avec l'exposant le plus grand qu'il ait dans ces nombres.*

92. DU PLUS GRAND COMMUN DIVISEUR. — La décomposition des nombres en leurs facteurs premiers, fournit encore un moyen de trouver le plus grand commun diviseur de deux nombres. Car, pour qu'un nombre soit diviseur commun à plusieurs autres, il faut qu'il ne contienne que des facteurs à eux communs (**90**) et le plus grand commun diviseur sera, par conséquent, le plus grand produit qu'on pourra former avec ces facteurs communs. Par exemple, soient les nombres

$$13860 = 2^2 . 3^2 . 5 . 7 . 11 , \ 12600 = 2^3 . 3^2 . 5^2 . 7 \text{ et } 2940 = 2^2 . 3 . 5 . 7^2$$

leur plus grand commun diviseur sera $2^2 . 3 . 5 . 7 = 420$.

La proposition (**78**) est évidente, d'après cette composition du plus grand commun diviseur.

93. Il y a entre le plus grand commun diviseur et le plus petit multiple de deux nombres, une relation très-simple et facile à démontrer. *C'est que le plus grand commun diviseur est le quotient du produit de deux nombres, divisé par leur plus petit multiple.*

Le plus grand commun diviseur se composant de tous les facteurs communs avec l'exposant le plus petit qu'ils aient et le plus petit multiple au contraire de ces facteurs avec le plus grand exposant et de ceux non communs, le premier contiendra donc tous ceux qui resteront après avoir enlevé tous ceux qui composent le plus petit multiple.

DES NOMBRES FRACTIONNAIRES.

94. DÉFINITIONS. — Jusqu'ici quand une division n'était pas exacte, nous nous sommes bornés à trouver combien de fois le diviseur est contenu dans le dividende et la valeur du reste. Mais on peut le plus souvent faire d'avantage.

Soit en effet une question dont la solution revienne à partager 21 en 8 parties égales; en effectuant la division, on trouve pour quotient 2 et pour reste 5. Ce résultat montre que le partage demandé n'est pas possible en unités entières. Même il est absolument impossible si 21 représente une collection d'unités indivisibles, comme 21 fois, 21 hommes, etc...

Mais si 21 représente une grandeur continue, par exemple une longueur de 21 mètres, il est clair qu'il existe une longueur telle que 8 longueurs semblables fassent ensemble 21 mètres, ce problême est alors possible.

Seulement chaque part contiendra 2 unités entières, plus quelque chose qui provient du partage de 5 mètres en 8 parties égales. Or, pour effectuer ce dernier partage, divisons au moins par la pensée chaque unité du reste en 8 parties égales (ou *huitièmes d'unités*), et prenant à chaque unité une de ses parties, faisons une collection de ces *cinq huitièmes* d'unité. Ce sera évidemment l'une des portions puisqu'on en pourra former 8 pareilles dans le reste 5. Chacune des parties de 21 mètres sera donc de la sorte composée de 2 mètres avec cette quantité additionnelle 5 *huitièmes* de mètre.

Or, de semblables collections de parties aliquotes de l'unité ont été nommées aussi des *nombres*; on les qualifie de fractionnaires, pour les distinguer de ceux étudiés jusqu'ici, qui ne contenaient que des unités entières, et auxquels on donne, par opposition, le nom de *nombres entiers*.

Ainsi, *un nombre fractionnaire est une collection de parties aliquotes de l'unité.*

Le mot *fraction* est ordinairement synonime de nombre frac-.tionnaire, quoiqu'on l'emploie spécialement pour désigner un nombre fractionnaire plus petit que l'unité.

Remarque. — Il n'est pas nécessaire qu'une division réponde à un partage en parties égales, pour qu'elle conduise à une fraction. L'autre genre de questions que résout la division (Je veux dire celles où le facteur connu est un multiplicande.) y donne lieu aussi bien.

Par exemple : *Pour 21 francs, combien aurait-on de mètres de marchandise à 8 francs le mètre ?*

Solution. — D'abord, autant de mètres que 8 sera contenu de fois dans 21, ce qui fait 2 mètres pour 16 francs, puis la quantité qu'on peut avoir pour les 5 francs qui restent. Or, si pour 8 francs on a un mètre, pour un franc on en aura un *huitième* de mètre (si toutefois le prix d'un huitième est 8 fois plus petit que celui d'un mètre), et pour 5 francs, 5 huitièmes ; en tout 2 mètres et 5 huitièmes.

95. Autre manière d'envisager les fractions. — L'idée de nombre fractionnaire se présente encore dans la mesure des grandeurs continues, lorsque l'unité n'est pas contenue exactement dans la grandeur qu'on lui rapporte. On cherche, dans ce cas, une 3ᵉ grandeur qui soit contenue exactement dans chacune des deux autres.

Si l'on en trouve une, qu'elle soit contenue, par exemple, 5 fois dans la première, 8 fois dans la seconde, on dit que celle-là vaut les 5 *huitièmes* de celle-ci ; et le nombre fractionnaire 5 *huitièmes,* est dit le *rapport* de la première grandeur à la seconde, ou sa *mesure,* quand celle-ci est l'unité. On lui donne aussi le nom de *quantité,* comme exprimant la grandeur.

96. Numération des fractions. — Quelle que soit l'origine d'une fraction, pour s'en faire une idée claire, il y faut voir deux nombres entiers ; l'un qui exprime quelle espèce de parties aliquotes de l'unité composent la fraction, c'est le *dénominateur* ; l'autre qui exprime le nombre de ces parties que la fraction contient, c'est le *numérateur*.

Le *numérateur* et le *dénominateur* sont nommés *termes* de la fraction.

97. Nomenclature. — Le nom d'une fraction se compose du nom du numérateur suivi de celui du dénominateur auquel on ajoute la terminaison *ième*. Exemple : cinq *huitièmes*. Excepté les dénominateurs 2, 3, 4, qu'on nomme *demi*, *tiers*, *quart*, respectivement.

98. Notation. — Quant à la manière d'écrire une fraction, elle résulte de sa définition même. Soit 5 huitièmes, c'est une quantité telle que répétée 8 fois, elle produise 5 : *on peut donc la considérer comme le quotient de 5 par* 8, et elle sera très-bien représentée alors par la notation déjà usitée $\frac{5}{8}$. On n'aura pas de nouveaux signes à inventer.

Seulement le sens du mot *quotient* sera étendu quelque peu, et même tout quotient pourra être regardé comme une fraction dont le numérateur serait le dividende et le dénominateur le diviseur. De sorte que tous les principes que nous démontrerons par la suite pour les fractions, s'appliqueront aux quotients ainsi entendus.

Il est clair qu'on lira une fraction écrite en énonçant d'abord le numérateur comme à l'ordinaire, puis le dénominateur suivi de la terminaison *ième*, sauf les exceptions mentionnées.

99. *Transformation des entiers en fractions et réciproquement.* — Il est souvent utile de savoir exprimer un nombre entier sous la forme fractionnaire et inversement.

Soit d'abord 5 à exprimer en 7mes ; puisqu'une unité vaut 7 septièmes, 5 unités en vaudront 7×5 ou 35 ; on a donc $\frac{35}{7}$ pour l'expression demandée.

D'où l'on conclut que, *pour exprimer un nombre entier sous une forme fractionnaire dont le dénominateur est donné, il suffit de multiplier ce dénominateur par le nombre entier, le produit est le numérateur de l'expression.*

La transformation est toujours possible.

Inversement, si l'on avait $\frac{35}{7}$ à mettre sous forme entière, on ferait ce raisonnement. Il faut 7 septièmes pour faire une unité, autant donc 35 septièmes contiendront de fois 7 septièmes, autant il y aura d'unités entières dans la fraction. On le voit en divisant 35 par 7, et l'on a pour résultat 5 unités.

La transformation n'est possible qu'autant que la division du numérateur 35, par le dénominateur 7 se fait sans reste.

Si l'on eût eu par exemple $\frac{38}{7}$, on aurait trouvé encore 5 entiers, mais avec $\frac{3}{7}$ de reste. Tout ce qu'on peut faire en pareil cas, c'est de trouver combien la fraction renferme d'unités entières et combien de fractionnaires en excès.

C'est ce qu'on appelle *extraire les entiers d'une fraction.*

La règle qu'on conclut des raisonnements précédents est celle-ci : *Diviser le numérateur par le dénominateur, le quotient exprime les entiers; et le reste, s'il y en a, le nombre des parties fractionnaires en excès.*

100. *Transformation des fractions.* — La valeur d'une fraction dépend à la fois de celle de ses deux termes. Voyons comment la variation de ces termes fera varier la valeur de la fraction.

D'abord, il paraît clair que si l'on augmente le numérateur d'une fraction sans altérer son dénominateur, on augmente la fraction, puisque le nombre des parties qu'elle contient devient plus grand.

Inversement ; si l'on augmente le dénominateur sans toucher au numérateur, on diminue la fraction puisqu'elle contient le même nombre de parties d'unité, mais ces parties sont plus nombreuses dans l'unité, et par conséquent plus petites.

101. 1º Si l'on rend le numérateur d'une fraction 2, 3, etc., fois plus grand, sans toucher au dénominateur, la fraction nouvelle, contenant 2, 3, etc., fois autant que la première des mêmes parties aliquotes de l'unité est 2, 3, etc., fois plus grande que la première.

2º Le contraire a évidemment lieu si le dénominateur est rendu 2, 3... fois plus petit.

Exemple : $\frac{4}{3}$, $\frac{6}{3}$, sont 2, 3... fois plus grands que $\frac{2}{3}$.

et $\frac{12}{7}$, $\frac{8}{7}$, 2, 3... fois plus petits que $\frac{24}{7}$.

102. 1º Si c'est le dénominateur qu'on rend 2, 3... fois plus grand sans altérer le numérateur, la nouvelle fraction se composant du même nombre de parties aliquotes devenues 2, 3... fois plus petites (puisqu'elles sont 2, 3... fois plus nombreuses dans l'unité) est elle-même 2, 3... fois plus petite que la première.

2º Le contraire a évidemment lieu si le dénominateur est rendu 2, 3... fois plus petit.

Exemple : $\frac{2}{6}$, $\frac{2}{9}$... sont 2, 3... fois plus petits que $\frac{2}{3}$,

et $\frac{5}{6}$, $\frac{5}{4}$... 2, 3... fois plus grands que $\frac{5}{12}$.

103. Quand on rend les deux termes le même nombre de fois plus grands, l'on n'altère point la valeur de la fraction ; puisque si d'un côté on la rend plus grande, de l'autre on la rend le même nombre de fois plus petite. Ce qui fait compensation. Il en est de même quand on divise les deux termes d'une fraction par un même nombre entier.

104. Par conséquent, si l'on multiplie l'un des termes d'une fraction par un nombre, sans multiplier l'autre terme par le même nombre, la fraction nouvelle ne sera pas égale à la première.

105. *Simplification des fractions.* — Il résulte de là qu'une fraction peut s'exprimer d'une infinité de manières différentes sans changer de valeur, et dans toutes ces formes diverses, les termes sont des *équi-multiples* ou *équi-sous-multiples* les uns des autres.

Ainsi $\frac{2}{3}$, $\frac{4}{6}$, $\frac{6}{9}$, $\frac{12}{18}$..., etc., sont différentes expressions de même valeur, mais leurs termes sont plus ou moins grands. Il est évidemment plus facile de se faire une idée nette de $\frac{2}{3}$ que de $\frac{12}{18}$ ou de toute fraction à termes plus grands, de sorte qu'il ne peut qu'être avantageux quand on a une fraction, de la ramener à être exprimée à une forme la plus simple possible.

Or, d'après ce qu'on a vu (**103**), on simplifiera une fraction en divisant les deux termes par tous les facteurs qui peuvent leur être communs, et la simplification sera poussée le plus loin possible, quand on aura enlevé aux deux termes tous leurs facteurs communs. Ce qu'on peut faire de deux manières, soit en les divisant successivement par tous les facteurs premiers qui leur sont communs, soit en les divisant d'un coup par leur plus grand commun diviseur.

Par exemple, $\frac{48}{60}$ devient d'un coup $\frac{4}{5}$, en divisant par le plus grand commun diviseur 12, et par la première méthode successivement $\frac{24}{30}$, $\frac{12}{15}$, $\frac{4}{5}$.

On peut, pour appliquer cette dernière méthode, commencer par décomposer le plus petit des deux termes en ses facteurs premiers, et n'essayer que ces fractions comme diviseurs communs aux deux termes. On éviterait ainsi plusieurs essais.

106. *Fractions irréductibles.* — Quelle que soit du reste la méthode suivie, *quand on sera arrivé à une fraction dont les deux termes seront premiers entre eux, la fraction sera alors irréductible, c'est-à-dire qu'aucune expression à termes plus simples ne pourra lui être équivalente.*

Soit en effet $\frac{4}{5}$ dont les deux termes sont premiers entre eux, représentons, d'une manière générale, par a et b les termes d'une fraction équivalente à $\frac{4}{5}$, et voyons si à cette condition

a et b peuvent être plus petits que 4 et 5, On doit avoir, par supposition $\frac{4}{5} = \frac{a}{b}$, imaginons qu'on multiplie par b les deux numérateurs, les fractions rendues le même nombre b de fois plus grandes, seront égales après comme avant; elles deviendront $\frac{4 \cdot b}{5}$ et $\frac{a \cdot b}{b}$ ou (en divisant les deux termes par b) $\frac{a}{1}$ ou tout simplement a, et l'on aura $\frac{4 \cdot b}{5} = a$. Pour que $\frac{4 \cdot b}{5}$ soit égal à un nombre entier a, il faut qu'il soit entier lui-même, c'est-à-dire que le produit $4 \cdot b$, soit divisible par 5; mais 5 est premier avec 4, par supposition, donc 5 divise b (**92**), c'est-à-dire que b est un multiple de 5 et, par conséquent, plus grand que lui.

D'ailleurs, si b est le produit de 5 par un certain nombre entier, a est aussi le produit de 4 par le même nombre, sans quoi la fraction $\frac{a}{b}$ ne serait pas égale à $\frac{4}{5}$ (**104**).

On conclut de tout ceci deux choses : 1° *Qu'une fraction dont les deux termes sont premiers entre eux est irréductible et de plus que*, 2° *toute fraction qui lui est égale a ses deux termes équi-multiples des siens.*

Corollaire. — Par suite, lorsqu'on voudra reconnaître si deux fractions données sont égales, il suffira de les réduire l'une et l'autre à leur plus simple expression ; on devra, si elles sont égales, trouver la même fraction irréductible.

107. Il n'est pas inutile d'observer que cette dernière conclusion renferme encore celle-ci : *Une fraction irréductible ne peut être exprimée sous une autre forme qu'autant que le nouveau dénominateur est un multiple de l'ancien.*

108. A l'avenir, pour simplifier les raisonnements et les calculs, toutes les fractions que nous emploierons seront supposées irréductibles. Si elles ne l'étaient point, on commencerait, avant d'entamer le raisonnement, par les réduire.

109. Quand une fraction irréductible a de grands termes et qu'il est difficile, par suite, de s'en faire une idée exacte, on peut s'en faire une idée approximative, en divisant les deux termes par le plus petit. Par exemple, soit $\frac{3425}{14297}$, on trouve, par cette opération, 1 pour le quotient du numérateur, et le quotient du dénominateur est compris entre 4 et 5, donc la fraction est elle-même comprise entre $\frac{1}{4}$ et $\frac{1}{5}$.

110. *Réduire une fraction à un dénominateur donné.*— Soit $\frac{3}{4}$ à exprimer en 20es, cela est possible, puisque le nouveau dénominateur 20 est multiple de l'ancien (**107**). Or, $20 = 4 \cdot 5$, donc (**106**, coroll. 2) le nouveau numérateur doit être $3 \cdot 5$. C'est-à-dire que l'expression demandée est $\frac{15}{20}$.

On pourrait raisonner autrement : dans une unité il y a 20 vingtièmes, dans $\frac{1}{4}$ d'unité, il y a 4 fois moins ou $20 : 4 = 5$, Dans $\frac{3}{4}$ il y en a 3 fois autant que dans $\frac{1}{4}$ ou $5 \cdot 3$. C'est-à-dire 15 ; même résultat.

Règle. — *On divise le nouveau dénominateur par l'ancien et l'on multiplie le quotient obtenu par l'ancien numérateur, le produit est le nouveau numérateur.*

111. Dans le cas où le nouveau dénominateur ne serait pas multiple de l'ancien, tout ce qu'on pourrait faire serait de savoir combien il y a, dans la fraction proposée, d'unités fractionnaires de la nouvelle espèce.

Par exemple, dans $\frac{3}{4}$ combien de 17es ? Même raisonnement ; dans $\frac{1}{4}$ il y a 4 fois moins de 17es que dans l'unité ou $17 : 4 = 4 + \frac{1}{4}$ et dans $\frac{3}{4}$, 3 fois autant que dans $\frac{1}{4}$ ou $4 \times 3 + \frac{3}{4} = 12 + \frac{3}{4}$, en tout $\frac{12}{17}$ avec les $\frac{3}{4}$ de $\frac{1}{17}$ de reste.

112. *Réduction des fractions au même dénominateur.* — Quand on a besoin de comparer deux ou plusieurs fractions, il est souvent indispensable qu'elles soient exprimées avec le même dénominateur. Nous allons apprendre à les y réduire, quand elles ne l'ont pas. Puisque toutes les fractions données doivent être exprimées avec le même dénominateur, il est indispensable que ce dénominateur commun soit multiple de chacun des dénominateurs donnés (**107**). Tous les multiples qui leur sont communs peuvent d'ailleurs être employés.

RÈGLE. — Parmi ces multiples, il est préférable de choisir le plus petit. *On prend donc pour dénominateur commun le plus petit multiple des dénominateurs donnés, et l'on réduit les fractions à ce dénominateur, d'après la règle précédemment donnée.* Exemple, soient les fractions $\frac{2}{3}$, $\frac{3}{4}$, $\frac{5}{6}$, $\frac{7}{12}$, $\frac{11}{15}$; le plus petit multiple des dénominateurs est $2^2 \times 3 \times 5 = 60$, ce sera le dénominateur commun, et en y appliquant la règle (**110**), on trouve, pour les fractions réduites, $\frac{40}{60}$, $\frac{45}{60}$, $\frac{50}{60}$, $\frac{35}{60}$, $\frac{44}{60}$.

113. On peut prendre pour dénominateur le produit même des dénominateurs des fractions. Ainsi, ayant les fractions $\frac{2}{3}$, $\frac{3}{4}$, $\frac{5}{6}$, on peut prendre $3 . 4 . 6 = 72$; mais alors quand il s'agira de réduire l'une quelconque $\frac{2}{3}$ des fractions en 72es on remarquera que le quotient de 72 par 3 est justement le produit $4 . 6$ des dénominateurs des autres fractions.

D'où la règle suivante.

RÈGLE. — *Quand on prend pour dénominateur commun le produit des dénominateurs donnés, on obtient le numérateur de chaque fraction transformée, en multipliant par le numérateur de la fraction primitive correspondante, le produit des dénominateurs des autres.*

Cette dernière méthode donne le même résultat que la première, si les dénominateurs sont premiers entre eux. Dans le cas contraire, elle conduit à des expressions plus compliquées. Pour s'en convaincre, il suffira de traiter par les deux procédés, les fractions $\frac{2}{3}$, $\frac{3}{4}$, $\frac{5}{6}$, la dernière méthode conduit à $\frac{48}{72}$, $\frac{54}{72}$, $\frac{60}{72}$, et la seconde $\frac{8}{12}$, $\frac{9}{12}$, $\frac{10}{12}$, résultat bien préférable par sa simplicité.

OPÉRATIONS SUR LES FRACTIONS.

ADDITION.

114. DÉFINITIONS. — Quand on a plusieurs fractions réduites au même dénominateur, c'est-à-dire exprimant des colléctions d'unités de même espèce, on appelle *somme* de ces fractions, le nombre qui renferme autant que les autres ensemble, d'unités de l'espèce qu'indique le dénominateur.

Il est clair qu'*on trouve cette somme en additionnant les numérateurs entre eux, et donnant à leur somme le dénominateur commun.*

Cette opération s'appelle l'*addition* des fractions proposées.

Le signe $+$ sert encore pour indiquer l'addition des fractions.

Comme exemple, soit à faire la somme $\frac{3}{12}+\frac{4}{12}+\frac{9}{12}+\frac{15}{12}$, elle est égale à $\frac{3+4+9+15}{12}$ ou $\frac{31}{12} = 2 + \frac{7}{12}$.

115. Lorsque les fractions ont des dénominateurs différents, et qu'on parle de leur somme, on sous-entend qu'on les conçoit réduites au même dénominateur. Tant qu'elles ne le sont pas, on peut indiquer leur somme au moyen du signe $+$; mais pour l'effectuer réellement, il faut commencer par les réduire au même dénominateur, ensuite on les traite comme précédemment.

Ainsi soit $\frac{1}{2} + \frac{4}{5} + \frac{6}{7}$, elles deviennent $\frac{35}{70}$, $\frac{56}{70}$, $\frac{60}{70}$ et leur somme est $\frac{151}{70} = 2 + \frac{11}{70}$.

116. Si les fractions sont jointes à des nombres entiers, on se représente leur *somme* en concevant toutes les fractions réduites au même dénominateur, et tous les nombres entiers exprimés sous forme fractionnaire avec ce dénominateur.

On l'effectue en additionnant séparément les entiers et les fractions. On commence par les fractions afin que si leur somme contient des unités entières, on puisse les extraire pour les ajouter aux entiers donnés. S'il reste une fraction on la simplifie.

Voici la disposition de l'opération.

Soit à additionner les nombres $(2 + \frac{3}{4}) + (5 + \frac{2}{3}) + (9 + \frac{5}{6})$; on les écrit les uns sous les autres :

$$\begin{array}{ccc} 2\ \frac{3}{4} & 9 & \\ 5\ \frac{2}{3} & 8 & \\ 9\ \frac{5}{6} & 10 & \\ \hline 18\ \frac{1}{4} & 27 & 12 \\ & 3 & 2 \end{array}$$

On réduit les fractions au même dénominateur 12, on écrit seulement les numérateurs 9, 8, 10, vis-à-vis les fractions correspondantes, pour les additionner; la somme est $\frac{27}{12}$; on en extrait les 2 entiers qu'on retient; réduisant la fraction $\frac{3}{12}$ qui reste à sa plus simple expression $\frac{1}{4}$; on écrit cette dernière sous les fractions et l'on additionne les 2 unités retenues avec les entiers, ce qui fait 18, en tout $18 + \frac{1}{4}$ pour la somme cherchée.

* * *

SOUSTRACTION.

117. DÉFINITION. — Son but est analogue à celui de la soustraction des nombres entiers ; il n'en diffère qu'en ce que les termes de la *différence* peuvent être fractionnaires.

Le signe — sert encore pour indiquer la différence des fractions.

On trouve la différence de 2 fractions en les réduisant d'abord au même dénominateur si elles ne l'ont pas; puis on soustrait le

*plus petit numérateur du plus grand, et l'on donne à la diffé-
rence le dénominateur commun. La fraction ainsi obtenue est la
différence cherchée;* on la simplifie ensuite s'il y a lieu.

Par exemple, $\frac{5}{6} - \frac{2}{3} = \frac{5}{6} - \frac{4}{6} = \frac{1}{6}$.

118. S'il y a des entiers joints aux fractions, on cherchera
à soustraire séparément la fraction du plus petit nombre de celle
du plus grand, et le nombre entier du plus petit de celui du
plus grand, pour réunir les différences partielles en un nombre
qui sera la différence totale.

Tant que la fraction à soustraire n'est pas plus grande que
l'autre, nulle difficulté; si elle est plus grande, on ajoute à celle-
ci une unité (qu'on réduit au même dénominateur que la fraction)
la soustraction devient possible, et en continuant on a soin
d'augmenter d'une unité la partie entière du plus petit nombre
pour rétablir la différence.

Cet artifice est le même qu'on a employé pour les nombres
entiers, et la raison en est la même.

Comme exemple, soit à soustraire $(4 + \frac{7}{8})$ de $(6 + \frac{4}{9})$.

$$6 \ \tfrac{4}{9} \quad 32$$
$$4 \ \tfrac{7}{8} \quad 63$$
$$\overline{}$$
$$1 \ \tfrac{41}{72}$$

Après avoir réduit les deux fractions au même dénominateur,
on reconnaît que le numérateur 63 de la fraction à soustraire
est plus grand que celui 32 de l'autre, on ajoute alors à celle-ci
une unité ou $\frac{72}{72}$, 72 et 32 font 104; $\frac{63}{72}$ de $\frac{104}{72}$ reste $\frac{41}{72}$, qu'on écrit
sous les fractions parce qu'elle est irréductible et en continuant
on augmente d'1 les unités entières du petit nombre; 1 et 4 5,
de 6 reste 1, en tout $1 + \frac{41}{72}$ pour la différence.

On voit aisément que ceci s'appliquerait au cas où le plus
grand nombre ne renferme que des unités entières.

MULTIPLICATION.

119. 1° *Multiplication des fractions par un nombre entier.*— On conçoit qu'on puisse avoir besoin de multiplier une fraction par un nombre entier, 2, 3, 4... etc. ; comme on a eu à multiplier précédemment un nombre entier.

Ainsi soit cette question : Une roue d'usine fait $\frac{7}{8}$ de tour dans une minute, de combien tournera-t-elle en 4 minutes ?

Solution. — Elle tournera de 4 fois $\frac{7}{8}$ de tour, c'est-à-dire $\frac{7}{8}$ multiplié par 4.

Il est clair que le produit doit être 4 fois plus grand que $\frac{7}{8}$; donc, deux moyens (**101** et **102**) se présentent à nous pour le trouver; soit de multiplier le numérateur de $\frac{7}{8}$ par 4 sans toucher au dénominateur; soit de diviser son dénominateur par 4 sans toucher au numérateur.

Le premier procédé donne $\frac{28}{8}$ et le deuxième $\frac{7}{2}$, même résultat comme on peut s'en assurer en simplifiant $\frac{28}{8}$. En généralisant ce raisonnement, on en déduit cette règle.

RÈGLE. — *On multiplie une fraction par un nombre entier, soit en multipliant son numérateur par ce nombre, sans changer le dénominateur; soit en divisant le dénominateur sans toucher au numérateur.*

La première méthode est toujours applicable, la deuxième non; mais quand elle l'est, le résultat immédiat auquel elle conduit est plus simple.

120. 2° *Multiplication par une fraction.*

DÉFINITION. — *La multiplication par une fraction* est une opération complexe dont il importe de comprendre l'esprit et le sens.

Pour nous faire mieux entendre, considérons un genre de questions qui se présentent très-fréquemment dans la vie ordinaire.

(A) *Une étoffe coûte 6 fr. le mètre, quel est le prix de 5 mètres?*

Il est clair qu'on obtiendra le prix cherché en *multipliant* le prix du mètre par 5, ce sera 6×5 ou 30 fr.

(B) Si l'on voulait le prix de $\frac{1}{5}$ de mètre, on le trouverait en *divisant* le prix du mètre par 5, ce qui ferait $\frac{6}{5}$ ou 1 franc et $\frac{1}{5}$.

(C) On obtiendrait le prix de $\frac{3}{5}$ de mètre en cherchant d'abord le prix de $\frac{1}{5}$ par une *division*, puis en multipliant ce prix par 3, ce serait $\frac{6}{5} \times 3$ ou $\frac{18}{5} = 3 + \frac{3}{5}$.

(D) Enfin le prix de 4 mètres $\frac{3}{5}$ se composerait de 4 fois 6 fr. qu'on trouverait par une multiplication, et des $\frac{3}{5}$ de 6 francs qu'on trouverait par une division et une multiplication successives, en tout 27 fr. $\frac{3}{5}$.

De sorte que, suivant la valeur de la quantité d'étoffe, on aurait à faire, pour en trouver le prix, soit une multiplication, soit une division, soit une combinaison des deux.

Il y a plus, si l'on s'était avisé de prendre pour unité, non plus le mètre, mais le $\frac{1}{10}$ du mètre, les quatre quantités d'étoffe précédentes (A), (B), (C), (D) eussent été représentées respectivement par 50, 2, 6, 46 de ces dixièmes, et dans tous les cas, il aurait fallu multiplier le prix de l'unité (ou dixième de mètre) par les quantités considérées.

Semblablement, en prenant une unité dix fois plus grande que le mètre, les quantités d'étoffe en question seraient toutes exprimées par des nombres fractionnaires, et la nature des opérations changerait encore, bien que la question soit restée identique.

Par conséquent, si l'on voulait, comme c'est souvent nécessaire, formuler une règle pour résoudre cette question générale : *Trouver le prix d'une quantité de marchandise quand on connaît le prix de l'unité;* il faudrait distinguer soigneusement tous les cas, et donner bien des règles distinctes, suivant la quantité achetée et suivant la forme du nombre qui l'exprimerait. L'on sent qu'une seule règle générale serait bien préférable. D'un autre côté, en réfléchissant à la question actuelle, nous y voyons, entre la quantité d'étoffe et son prix, une relation très-simple, qui consiste en ce que, si la quantité d'étoffe vient à varier d'une certaine manière, le prix en varie de la même façon; je veux dire que si la quantité devient 2 fois, 3 fois… ce qu'elle était, le prix en devient aussi double, triple…, etc.; si elle devient la $\frac{1}{2}$, les $\frac{2}{3}$, les $\frac{4}{5}$… de ce qu'elle était, le prix devient la $\frac{1}{2}$, les $\frac{2}{3}$, les $\frac{4}{5}$ de ce qu'il était. Ce qui s'exprime en disant que le prix est *proportionnel* à la quantité d'étoffe.

Or, cette liaison est indépendante, par sa nature, des nombres particuliers de la question, ainsi que de la grandeur de l'unité employée; elle subsiste quels que soient ces nombres et quelle que soit cette unité. Il serait donc plus satisfaisant pour l'esprit d'adopter, pour tous les cas de cette même question générale, une règle unique dont la formule fût, pour ainsi dire, une expression de cette liaison.

C'est là ce qui conduit à dire que, dans tous les cas, *le prix d'une quantité de marchandise s'obtient en* MULTIPLIANT *le prix de l'unité par la quantité (entière ou fractionnaire) qu'on achète*, à la condition, sous entendue, que le prix et la quantité varient *proportionnellement*, ce qui a lieu le plus ordinairement.

Le mot *multiplier* reçoit ainsi une acception plus générale, et signifie maintenant composer un produit de 2, 3, 4… fois le multiplicande; si le multiplicateur se compose de 2, 3, 4 unités; composer un produit de la $\frac{1}{2}$, des $\frac{2}{3}$, des $\frac{4}{5}$… du multiplicande, si le multiplicateur se compose de la $\frac{1}{2}$, des $\frac{2}{3}$, des $\frac{4}{5}$ de l'unité, en un mot;

Composer un produit avec le multiplicande, comme le multiplicateur est composé avec l'unité.

D'après cela, multiplier un nombre par $\frac{1}{3}$, $\frac{8}{4}$, signifie prendre le $\frac{1}{3}$, les $\frac{8}{4}$… de ce nombre.

121. Le sens de l'opération étant compris, la manière de l'effectuer est facile. Pour plus de clarté, nous distinguerons plusieurs cas :

1° Soit à effectuer le produit $5 \times \frac{3}{4}$; puisque cela veut dire trouver les $\frac{3}{4}$ de 5, on y arrivera en prenant le $\frac{1}{4}$ de 5 ou $\frac{5}{4}$ et le multipliant par 3, ce qui donne (125) $\frac{5 \times 3}{4}$, d'où cette règle :

RÈGLE. — *On multiplie un nombre entier par une fraction, en faisant le produit de ce nombre par le numérateur, et lui donnant le dénominateur de la fraction.*

2º Soit à effectuer le produit $\frac{5}{7} \times \frac{3}{4}$; on prendra de même le $\frac{1}{4}$ de la fraction multiplicande en multipliant son dénominateur par 4, et l'on multipliera le résultat $\frac{5}{7 \times 4}$ par 3, ce qui donne pour produit $\frac{5 \times 3}{7 \times 4}$. Donc en généralisant :

Règle. — *Le produit de deux fractions est une autre fraction dont le numérateur est le produit de ceux des facteurs et le dénominateur le produit de leurs dénominateurs.*

3º Soit enfin un produit $(8 + \frac{7}{10}) \times (2 + \frac{3}{4})$ à effectuer; cela signifie, avons-nous dit (**120**), composer un nombre de 2 fois $(8 + \frac{7}{10})$ et des $\frac{3}{4}$ du même multiplicande, ce qui peut se faire en multipliant successivement 8 et $\frac{7}{10}$ d'abord par 2, ensuite par $\frac{3}{4}$; on obtient ainsi

$$8 \times 2 + \frac{7 \times 2}{10} + \frac{8 \times 3}{4} + \frac{7 \times 3}{10 \times 4}$$

ou en réduisant $23 + \frac{87}{40}$.

Le produit total se compose donc de la somme des produits partiels de toutes les parties du multiplicande par chacune de celles du multiplicateur.

122. Notons en passant que si les facteurs avaient plus de deux parties chacun, la composition du produit s'exprimerait de la même manière.

123. On opère ordinairement d'une autre façon plus commode; *On réduit les facteurs chacun en une seule fraction, et l'on multiplie les fractions résultantes suivant la règle ci-dessus.*

Ici l'on a $(8 + \frac{7}{10}) \times (2 + \frac{3}{4}) = \frac{87}{10} \times \frac{11}{4} = \frac{957}{40} = 23 + \frac{37}{40}$ même résultat que celui déjà trouvé.

Pourtant si l'un des facteurs est entier, sans fraction qui le complète, il est plus simple de faire deux produits isolément; on commence par celui de la fraction, afin d'en extraire, s'il y a lieu, les entiers qu'on reporte au produit de la partie entière.

124. Applications. — Comme exemples de résolution des questions qui se traitent par la multiplication des nombres fractionnaires. Soient celles-ci.

1º *Une fontaine verse $\frac{5}{6}$ d'hectolitre d'eau dans une heure ; combien en versera-t-elle dans $\frac{3}{4}$ d'heure ?*

Solution. — Les $\frac{3}{4}$ de $\frac{5}{6}$ ou $\frac{5}{6} \times \frac{3}{4} = \frac{15}{24} = \frac{5}{8}$ d'hectolitre.

2º *Une machine file 2 kilogrammes $\frac{5}{6}$ de coton par heure ; combien dans 5 heures $\frac{3}{4}$?*

Solution. — D'abord 5 fois (2 kilogrammes $\frac{5}{6}$) pendant les 5 heures, puis les $\frac{3}{4}$ de (2 kilogrammes $\frac{5}{6}$) dans les $\frac{3}{4}$ d'heure qui restent, c'est-à-dire le produit de $(2 \frac{5}{6}) \times (5 \frac{3}{4})$. L'opération donne $16 \frac{7}{24}$.

La machine filera donc 16 kilogrammes et $\frac{7}{24}$.

125. *Remarque* 1. — Les règles que nous venons de donner ramènent la multiplication des fractions à des opérations sur des nombres entiers. Il en résulte des conséquences utiles.

1º *On peut, dans la multiplication des fractions comme dans celle des nombres entiers, intervertir l'ordre des facteurs sans altérer le produit.* Car cela revient à changer de la même manière l'ordre des facteurs entiers qui composent les termes du produit ; permutation qui n'altère point la valeur de ces termes, ni par conséquent celle de la fraction. Et cette proposition est vraie quel que soit le nombre des facteurs fractionnaires qu'on puisse avoir à multiplier, puisqu'elle l'est (**44**) pour les facteurs entiers qui composent les termes du produit.

2º Toutes les conséquences qu'on a déduites de ce principe, à propos des nombres entiers, sont applicables aux nombres fractionnaires ; la démonstration pourrait en être faite en changeant seulement les nombres entiers en nombres fractionnaires. Nous laissons cet exercice à faire (**45** et suiv.) et nous concluons que les propositions (**45** et **46**) sont vraies pour les nombres fractionnaires aussi bien que pour les nombres entiers.

Remarque 2.—Quand on veut effectuer un produit de plusieurs facteurs fractionnaires, il est avantageux de commencer par simplifier, autant que possible, en divisant les facteurs du numérateur et ceux du dénominateur par tous les diviseurs qu'on reconnaît être communs à un facteur du numérateur et à un facteur du dénominateur. On ne fait alors que diviser les deux termes de la fraction-produit par ces diviseurs communs, ce qui n'en change pas la valeur.

Soit comme exemple

$$36 \times \tfrac{15}{18} \times \tfrac{10}{8} \times \tfrac{810}{630} \times \tfrac{15}{12} \times \tfrac{2}{3}$$

On voit aisément que 36 et 18 sont divisibles par 18 ; on les divise, ce qui donne les quotients 2 et 1 , on n'écrit pas celui-ci comme inutile, on barre 18 , on barre 36 et l'on écrit 2 au-dessus; on voit alors au numérateur, le facteur 2 isolé deux fois et une fois dans 10, ce qui fait trois fois, c'est-à-dire $2^5 = 8$. 8 se trouve au dénominateur, on le barre, ainsi que 2, 2 et 10 au numérateur, on remplace 10 par 5 qu'on écrit au-dessus; 810 et 630 sont divisibles par 10 et 9 ou par 90, ce qui donne 9 et 7 qu'on écrit au-dessus de 810 et au-dessous de 630 après les avoir barrés; 12 et 3 du dénominateur sont divisibles par 3, ce qui enlève 2 fois le facteur 3 ou 9 du numérateur.

Il reste alors $\frac{15 \times 5 \times 15}{7 \times 4}$ qu'on ne peut simplifier, on effectue alors et l'on trouve $40 + \tfrac{5}{28}$.

DIVISION.

126. Définition. — De l'extension qui a été donnée à la multiplication, résulte une extension analogue pour la division.

Le *quotient* de deux nombres est encore un 3e nombre tel que si l'on considère le 1er comme un produit, le 2e comme un de ses facteurs, le 3e sera l'autre facteur. Mais les mots *produit* et *facteurs* seront pris dans toute la généralité de sens que nous leur avons donnée.

Nous distinguerons différents cas dans l'exposition de cette opération : division d'une fraction par un nombre entier, division d'un nombre entier ou d'une fraction par une fraction, et enfin le cas où le dividende et le diviseur sont des nombres entiers accompagnés de fractions.

127. 1° Soit à diviser $\frac{12}{7}$ par 4; le quotient doit être tel que multiplié par 4, il produise $\frac{12}{7}$, il est donc 4 fois plus petit que $\frac{12}{7}$.

Par conséquent, deux manières de le trouver ; diviser 12 par 4 sans toucher au dénominateur 7 (**102**), ce qui donne $\frac{3}{7}$; ou multiplier 7 par 4 sans toucher au numérateur 12 (**101**), ce qui donne $\frac{12}{28}$ ou en simplifiant $\frac{3}{7}$, même résultat.

RÈGLE. — Donc, *Pour diviser une fraction par un nombre entier, il suffit, ou de diviser son numérateur par ce nombre sans altérer le dénominateur, ou bien de multiplier le dénominateur par le nombre entier, sans toucher au numérateur.*

Quand le premier procédé est applicable, le résultat qu'il fournit immédiatement est plus simple.

2° (A) Soit à diviser 5 par $\frac{3}{4}$; cela veut dire trouver un nombre qui multiplié par $\frac{3}{4}$ donne 5, ou en d'autres termes, tel que si l'on en prend les $\frac{3}{4}$ on obtienne 5 ; ainsi 5 est égal aux $\frac{3}{4}$ du quotient cherché. Donc $\frac{1}{4}$ seulement du quotient sera 3 fois plus petit que les $\frac{3}{4}$ ou $\frac{5}{3}$, et le quotient entier 4 fois plus grand que son $\frac{1}{4}$ ou $\frac{5}{3} \times 4 = \frac{5 \times 4}{3}$.

(B) Semblablement, si l'on a à diviser $\frac{5}{7}$ par $\frac{3}{4}$, on dira encore, le dividende $\frac{5}{7}$ est égal aux $\frac{3}{4}$ du quotient, donc $\frac{1}{4}$ du quotient sera 3 fois plus petit que les $\frac{3}{4}$ ou $\frac{5}{7 \times 3}$, et le quotient entier 4 fois plus grand que son $\frac{1}{4}$ ou $\frac{5}{7 \times 3} \times 4 = \frac{5 \times 4}{7 \times 3}$.

RÈGLE. — On conclut de ceci que *pour diviser un nombre par une fraction, il suffit de le diviser par le numérateur de la fraction, et de multiplier le résultat par le dénominateur,* ou en d'autres termes, *de multiplier le dividende par la fraction diviseur renversée.*

3° Si le dividende ou le diviseur ou tous les deux, sont composés d'un nombre entier et d'une fraction, il suffit de réduire chaque partie entière en fraction de même espèce que celle qui l'accompagne et à laquelle on l'ajoute. On traite ensuite les fractions comme on vient de l'expliquer.

128. APPLICATIONS. — Comme exemples de résolution, traitons quelques questions.

1º *Une barre de fer de 5 mètres de long s'est allongée de $\frac{3}{7}$ de millimètre sous l'influence de la chaleur; de combien s'est allongé chaque mètre?*

Solution. — D'une quantité qui multipliée par 5 donne $\frac{3}{7}$, c'est-à-dire du quotient de $\frac{3}{7}$: 5. L'opération donne $\frac{3}{7 \times 5} = \frac{3}{35}$. L'allongement est donc de $\frac{3}{35}$ de millimètre.

2º *Combien de temps mettrait-on à parcourir 6 lieues en faisant $\frac{5}{4}$ de lieue chaque heure ?*

Solution. — Un nombre d'heures tel qu'en multipliant $\frac{5}{4}$ de lieue par ce nombre, on obtienne 6 lieues; c'est-à-dire le quotient de 6 divisé par $\frac{5}{4}$. Or, $6 : \frac{5}{4} = \frac{6 \times 4}{5} = \frac{24}{15} = 1\frac{4}{5}$. On mettra donc 1 heure et $\frac{4}{5}$ d'heure, ce qui fait 1 heure et 48 minutes, à 60 minutes l'heure.

3º *Avec $\frac{3}{4}$ de kilogramme de laine, on a fait $\frac{2}{3}$ de mètre d'un tissu; quelle longueur du même tissu ferait-on avec un kilogramme de la même laine?*

Solution. — On en fera une longueur dont les $\frac{3}{4}$ feront $\frac{2}{3}$ de mètre, c'est-à-dire le quotient de $\frac{2}{3}$ par $\frac{3}{4}$. Or $\dfrac{\frac{2}{3}}{\frac{3}{4}} = \frac{2 \times 4}{3 \times 3} = \frac{8}{9}$. On en fera donc $\frac{8}{9}$ de mètre.

4º *Un courrier a parcouru 27 kilomètres $\frac{1}{2}$ dans 2 heures $\frac{3}{4}$, combien chaque heure en lui supposant toujours la même vitesse?*

Solution. — Le nombre de kilomètres parcourus est tel que multiplié par $2\frac{3}{4}$, il donne 25 kilomètres $\frac{1}{2}$; c'est donc le quotient de $(25\frac{1}{2}) : (2\frac{3}{4})$ ou $\dfrac{25\frac{1}{2}}{2\frac{3}{4}}$. L'opération conduit successivement à $\dfrac{25\frac{1}{2}}{2\frac{3}{4}} = \dfrac{\frac{51}{2}}{\frac{11}{4}} = \frac{51}{2} \times \frac{4}{11}$, ou en divisant les deux termes par 2, $\frac{51 \times 2}{11} = \frac{102}{11} = 9 + \frac{3}{11}$.

Il parcourt donc par heure 9 kilomètres $\frac{3}{11}$.

129. *Remarque.* — Les principes (**61** et **62**) de la division des nombres entiers ne dépendant que de la proposition (**45**) qui se trouve étendue aux fractions, doivent être par là même considérés aussi comme généralisés. On pourra s'exercer à en reprendre l'explication sur un exemple.

130. Les opérations et les questions précédentes conduisent à considérer des quotients ou des espèces de fractions comme $\dfrac{2\frac{2}{3}}{\frac{3}{4}}$, $\dfrac{25\frac{1}{2}}{2\frac{3}{4}}$ dont les deux termes sont des nombres fractionnaires.

Or, ces sortes de fractions jouissent de propriétés analogues à celles des fractions qui ont leurs termes entiers. Nous nous bornerons à considérer les suivantes qui sont fondamentales.

1º (A) Quand on multiplie le dividende d'une division (ou le numérateur d'une fraction) par un nombre quelconque, le quotient (ou la fraction) se trouve multiplié par ce nombre.

Soit en effet le quotient $\dfrac{2\frac{3}{4}}{5\frac{2}{3}}$, multiplions le numérateur par $(4\frac{6}{7})$ il vient $\dfrac{(2\frac{3}{4}) \times (4\frac{6}{7})}{5\frac{2}{3}}$. Or, en effectuant le quotient proposé on trouve successivement (**127** 3º)

$$\frac{2\frac{3}{4}}{5\frac{2}{3}} = \frac{\frac{11}{4}}{\frac{17}{3}} = \frac{11}{4} \times \frac{3}{17}$$

d'ailleurs on a aussi successivement

$$\frac{(2\frac{3}{4}) \times (4\frac{6}{7})}{5\frac{2}{3}} = \frac{\frac{11}{4} \times \frac{34}{7}}{\frac{17}{3}} = \frac{11}{4} \times \frac{34}{7} \times \frac{3}{17} = \frac{11}{4} \times \frac{3}{17} \times \frac{34}{7}$$

c'est-à-dire le quotient précédent multiplié par $\frac{34}{7}$ ou par $(4\frac{6}{7})$ comme on l'avait annoncé.

(B) Des raisonnements analogues, que nous laissons à faire, prouveraient que : *si l'on divise un dividende par un nombre , on divise par là même, le quotient par ce nombre.*

2° De même, *si l'on multiplie ou si l'on divise un diviseur par un nombre, le quotient se trouve respectivement divisé ou multiplié par ce nombre.*

3° *Et enfin quand on multiplie ou quand on divise le dividende et le diviseur par le même nombre, le quotient ne change pas de valeur.*

131. Les règles de la multiplication et de la division de ces sortes de fractions sont d'ailleurs les mêmes que celles des fractions à termes entiers.

Nous nous bornerons à expliquer la multiplication, en recommandant la division comme exercice au lecteur.

Soit $\dfrac{\frac{3}{4}}{\frac{2}{5}} \times \dfrac{\frac{7}{9}}{\frac{11}{12}}$ ce produit revient d'après la règle de la division

(**127** 2°) à $\left(\frac{3}{4} \times \frac{5}{2}\right) \times \left(\frac{7}{9} \times \frac{12}{11}\right)$

ou bien d'après les n^os **44** et **45** étendus aux fractions à

$$\frac{3}{4} \times \frac{5}{2} \times \frac{7}{9} \times \frac{12}{11} = \frac{3}{4} \times \frac{7}{9} \times \frac{5}{2} \times \frac{12}{11}$$

ou encore à $\dfrac{\frac{3}{4} \times \frac{7}{9}}{\frac{2}{5} \times \frac{11}{12}}$ en remplaçant les deux dernières multiplications par des divisions équivalentes.

Ce résultat n'est autre chose que celui qu'eût donné l'application de la règle connue (**120** 2°).

132. Puisque la règle de multiplication s'applique sans modification, il en est de même de la proposition qui permet d'intervertir l'ordre des facteurs; car cela reviendra à intervertir l'ordre des nombres qui formeront, par leurs produits, le numérateur et le dénominateur du produit final.

On pourra donc appliquer ce principe et toutes ses conséquences aux nombres fractionnaires, quelque compliquée que soit leur expression.

NOMBRES DÉCIMAUX.

133. DÉFINITION. — En réfléchissant au calcul des nombres fractionnaires, on reconnaît que les complications que présente ce calcul, tiennent en grande partie à ce que les dénominateurs étant quelconques, et ne dépendant ni les uns des autres, ni de l'unité principale suivant aucune loi, les réductions au même dénominateur, les réductions d'entiers en fractions et inversement, entraînent des calculs plus ou moins longs. Or, on a imaginé, pour faire disparaître tous ces inconvénients et d'autres encore, d'employer, toutes les fois que c'est possible, exclusivement des fractions dont le dénominateur soit 10, 100, 1000, etc..., en général, l'unité suivie de zéros. Les dénominateurs dérivent ainsi les uns des autres, suivant la loi des unités du système décimal, et les espèces d'unités fractionnaires sont liées à l'unité principale et liées entre elles suivant la même loi décimale.

A cause de cela, ces fractions ont reçu le nom de *fractions décimales* ou simplement de *nombres décimaux*.

Leur emploi donne lieu à des simplifications nombreuses.

134. NOMENCLATURE. — La numération parlée de ces fractions est la même que celle des fractions ordinaires. Le plus souvent pourtant, on sépare dans l'énonciation d'un nombre décimal, la partie entière de la partie décimale. Ainsi, au lieu de dire *vingt-cinq dixièmes*, comme vingt dixièmes valent 2 unités, on dit : *deux et cinq dixièmes*.

135. ÉCRITURE. — Leur écriture est plus simple. On se dispense d'écrire le dénominateur, en étendant aux unités fractionnaires de 10 en 10 fois plus petites, une remarque de la numération décimale (**14**, 2º), qui revient à dire qu'*un chiffre écrit dans un nombre à la droite d'un autre, représente des unités 10 fois plus petites que lui*. Ainsi, de même que le premier chiffre à gauche de celui des unités représente des *dixaines*, de même un premier chiffre à droite de celui des unités représentera des *dixièmes*, un deuxième des *centièmes*, le suivant des *millièmes* et ainsi de suite.

Ces chiffres *décimaux* ou *décimales* sont, pour qu'on les distingue, séparés de la *partie entière* par une virgule qu'on place immédiatement à droite du chiffre des unités simples. Par exemple, 3 unités $\frac{52}{100}$ s'écrivent 3,52; la virgule indique le dénominateur.

136. MANIÈRE D'ÉCRIRE UN NOMBRE DÉCIMAL SOUS LA DICTÉE. — *D'après cela, quand on dicte un nombre décimal sans séparer la partie entière, il faut écrire le numérateur comme à l'ordinaire, et séparer ensuite sur la droite, par la virgule, autant de chiffres que c'est nécessaire pour que le dernier à droite se trouve au rang des unités fractionnaires qu'il doit représenter.*

Ainsi *deux cent vingt-cinq centièmes* s'écrit d'abord 225, et comme les centièmes sont au deuxième rang à droite de la virgule, on sépare deux chiffres décimaux à droite 2,25.

Si l'on n'a pas assez de chiffres significatifs pour séparer le nombre de décimales qu'on doit séparer, on y supplée par des zéros, et l'on en met un pour tenir lieu de la partie entière. Ainsi *cinq centièmes* ($\frac{5}{100}$) s'écrivent 0,05, *vingt-cinq dix-millièmes* $\frac{25}{10000}$, s'écrivent 0,0025.

Si la partie entière est séparée dans l'énoncé, on l'écrit comme à l'ordinaire, puis la partie décimale avec la précaution indiquée. Exemple, 32 unités 25 dix-millièmes, s'écrivent d'abord 32, puis comme les dix-millièmes sont au 4ᵉ rang ensuite, et qu'on n'a que deux chiffres significatifs, on met deux zéros auparavant pour leur conserver leur rang 32,0025.

137. Manière de lire un nombre décimal écrit en chiffres. — Soit par exemple 482,0509 ; on peut le lire de deux manières : ou bien en séparant les unités entières qu'on lit comme à l'ordinaire, *quatre cent quatre-vingt-deux unités*, pour lire ensuite la partie décimale aussi comme à l'ordinaire *cinq cent neuf*, en lui donnant le nom des unités fractionnaires qu'elle représente, *cinq cent neuf dix-millièmes*.

Ou bien on peut lire sans faire d'abord attention à la virgule le numérateur tout entier *quatre millions huit cent vingt-mille cinq cent neuf* et ajouter le nom du dénominateu *dix-millièmes* qu'indique la virgule. Enfin, on pourrait nommer successivement les unités de tous les ordres séparément, ce qu'on ne fait pas d'habitude.

138. Conséquences. — La valeur d'un nombre décimal écrit dépend de la position de la virgule, de sorte que si l'on déplace la virgule de 1, 2, 3, etc., rangs vers la droite ou vers la gauche, chaque chiffre du nombre représente respectivement des unités 10, 100, 1000, etc., fois plus grandes ou plus petites, et le nombre tout entier devient lui-même ce nombre de fois plus grand ou plus petit.

Il est évident aussi que l'on peut, sans altérer la valeur relative des chiffres, ni la valeur du nombre, écrire ou supprimer autant de zéros qu'on voudra à la droite ou à la gauche d'un nombre décimal.

Par conséquent, si l'on voulait rendre un nombre donné 3,5 mille fois plus petit par un simple déplacement de virgule, on commencerait par écrire trois zéros à gauche du nombre 0003,5, puis on déplacerait la virgule de trois rangs vers la gauche 0,0035. — On agirait d'une façon analogue pour le rendre mille fois plus grand, seulement alors on se dispenserait d'écrire la virgule devenue inutile par suite du manque de partie décimale; on aurait simplement 3500.

139. Avec l'emploi des fractions décimales, la réduction d'un nombre entier en fraction décimale et inversement, la réduction d'une fraction décimale à un dénominateur décimal donné, la réduction au même dénominateur sont des opérations d'une simplicité telle qu'il suffit de les indiquer sur un exemple pour les faire comprendre.

Ainsi, 4 à réduire en centièmes donnent évidemment 4,00; de même il est évident que dans 53,6 il y a 53 entiers 0,6; il l'est aussi que des fractions décimales se réduiront au même dénominateur en écrivant des zéros à la droite de celles qui ont le moins de décimales ; ou en en supprimant, s'il y en a, à la droite de celles qui ont le plus de décimales.

ADDITION ET SOUSTRACTION.

140. D'après cette dernière remarque, l'addition et la soustraction se feront en complétant par des zéros les décimales des nombres proposés, s'il y en a moins dans les uns que dans les autres, puis en additionnant ou soustrayant les nombres obtenus comme des nombres entiers, c'est-à-dire sans s'occuper de la virgule : pourvu qu'on ait le soin de la mettre dans le résultat sous les virgules des nombres qu'on traite. Soit par exemple la somme $2,35 + 345,6 + 54,352$, on peut l'effectuer ainsi :

$$
\begin{array}{r}
2,350 \\
345,600 \\
54,352 \\
\hline
\end{array}
$$

Somme... 402,302

Il est à remarquer que les zéros écrits pour compléter les nombres décimaux n'ont aucune influence sur la somme et qu'on peut se dispenser d'en mettre en opérant comme s'il y en avait, c'est-à-dire en disposant les nombres à additionner les uns sous les autres, les virgules sous les virgules, et la virgule de la somme aussi sous les autres.

Même remarque pour la soustraction; ainsi soit à effectuer la différence 45,3 — 34,5879, on disposera le calcul comme ceci :

$$
\begin{array}{r}
45,3 \\
34,5879 \\
\hline
\text{Différence} \ldots \ 10,7121
\end{array}
$$

et l'on opèrera comme s'il y avait trois zéros complémentaires à la droite du plus grand nombre.

MULTIPLICATION.

141. Soit à multiplier 12,352 par 3,7 ; en mettant les facteurs sous forme de fractions ordinaires et appliquant la règle connue il vient :

$$
12,352 \times 3,7 = \frac{12352}{1000} \times \frac{37}{10} = \frac{12352 \times 37}{1000 \times 10} = \frac{457024}{10000} = 45,7024.
$$

RÈGLE. — *C'est-à-dire que le produit de deux nombres décimaux s'obtient en multipliant ces nombres sans d'abord faire attention à la virgule, puis en séparant au produit autant de chiffres décimaux qu'il y en avait dans les deux facteurs réunis.*

Nous n'avons pas examiné, à part le cas où l'un seulement des facteurs serait décimal ; la règle relative à ce cas est comprise dans la règle générale.

DIVISION.

142. *Recherche du quotient complet ou approché d'une division au moyen des décimales.* — Avant de nous occuper de la division des fractions, traitons cette question préparatoire indispensable : exprimer le quotient d'une division en décimales quand il n'est pas entier.

Nous avons vu (**94**) que le quotient complet d'une division $\frac{21}{8}$ peut s'exprimer en ajoutant au quotient entier 2 une fraction $\frac{5}{8}$ venant du partage du reste 5 en 8 parties égales ; mais si nous voulons n'employer que des fractions décimales, que deviendra cette fraction additionnelle $\frac{5}{8}$? Par quelle fraction décimale la remplacerons-nous ? Cela est facile à trouver. En effet, je remarque que les 5 unités que j'ai à partager en 8 parties égales, sont la même chose que 50 dixièmes, 500 centièmes, 5000 millièmes..., etc. Je cherche donc à diviser par 8 successivement 50 dixièmes, 500 centièmes, 5000 millièmes, c'est-à-dire que j'écris à droite du reste 5, ou que j'y suppose écrits, autant de zéros que je veux, et que j'en abaisse successivement à la droite du reste jusqu'à ce que j'obtienne un quotient exact, ou que je reconnaisse que jamais je n'en aurai de tel.

$$
\begin{array}{r|l}
21 & 8 \\
.50 & \\
\quad.20 & 2,625 \\
\quad\quad.40 &
\end{array}
$$

Après avoir abaissé trois zéros, j'obtiens un quotient exact 625 ; c'est donc comme si j'avais divisé 5000 millièmes par 8 ; par conséquent, le quotient qui est la valeur d'une des 8 portions égales du reste, est un nombre de millièmes ; je l'écris donc à la droite du quotient entier 2, en séparant les 3 chiffres par une virgule, c'est-à-dire en séparant autant de décimales que j'ai employé de zéros.

Règle. — On voit donc en généralisant *que pour évaluer un quotient de nombres entiers en décimales, il faut, après avoir obtenu la partie entière du quotient, écrire une virgule à droite, puis continuer la division comme s'il y avait des zéros indéfiniment à droite du dividende.*

142. On arrive quelquefois, comme dans l'exemple précédent, à un reste nul, et alors on a le quotient cherché exactement exprimé en décimales. Le plus souvent on obtient toujours des restes, quelque loin qu'on pousse l'opération. Soit, pour en donner un exemple, 26 mètres à partager en trois parties égales.

Après avoir trouvé au quotient une partie entière 8, on obtient des chiffres décimaux qui sont indéfiniment les mêmes 666... On n'aura donc jamais de quotient exact et bien qu'il y ait certainement une longueur qui est exactement le $\frac{1}{3}$ de 26 mètres, elle ne peut nullement être exprimée en toute rigueur avec des unités décimales du mètre quelque petites qu'elles soient. Mais on peut du moins exprimer avec ces unités une longueur qui différera de celle-là aussi peu qu'on voudra; car en s'arrêtant au premier quotient 8, l'erreur qu'on commet est inférieure à l'unité; en s'arrêtant au 1er chiffre décimal, au 2e, au 3e, etc., l'erreur est respectivement plus petite qu'$\frac{1}{10}$, qu'$\frac{1}{100}$, qu'$\frac{1}{1000}$, etc.; de sorte qu'en prenant de plus en plus de chiffres décimaux, les quotients incomplets s'approcheront de plus en plus du quotient complet comme d'une *limite* qu'ils ne peuvent atteindre, mais dont ils diffèrent d'aussi peu qu'on voudra.

Voilà pour la rigueur théorique.

Dans les applications, il est tout-à-fait indifférent que le quotient soit exact ou non. Car s'il s'agit d'effectuer réellement le partage des longueurs, nos organes n'apprécient pas une différence plus petite que le dixième de millimètre, et les procédés les plus précis de la physique ne permettent guère d'apprécier une longueur plus petite que le centième de millimètre ; de sorte qu'il n'y a pas la moindre importance à avoir au quotient des unités plus petites que celle-là. D'ailleurs, il y a dans chaque question particulière une limite à la petitesse des quantités qu'on cherche à apprécier ; ainsi, dans la mesure d'un champ , on ne tient aucun compte d'une distance plus petite qu'un dixième de mètre ; on le pourrait certainement, mais on ne le fait point en réalité, et même avec les instruments dont on se sert habituellement en pareil cas, cela serait difficile et quand d'ailleurs ce serait facile, cette rigueur ne serait pas de la moindre importance. De même, dans la mesure d'un pan de muraille, on s'arrête au centième de mètre ; dans celle d'un meuble au millième..., etc. Donc, dans un cas donné, on doit se borner à obtenir au quotient le chiffre des plus petites unités décimales dont on puisse ou dont on veuille se servir dans la question qu'on traite, et négliger le reste qui n'est d'aucune utilité.

Chercher ainsi un quotient qui diffère aussi peu qu'on voudra du quotient complet, c'est ce qu'on nomme *approcher* du quotient.

On nomme en général *degré de l'approximation*, l'unité décimale à laquelle on s'arrête. Ainsi, dans l'exemple précédent, si l'on prend deux décimales 8,66 *le degré d'approximation sera un centième*, c'est-à-dire que la différence entre le quotient complet et le quotient incomplet 8,66, ou *l'erreur absolue* commise, est moindre qu'un centième d'unité ; c'est ce qu'il faut entendre quand on dit qu'on a ainsi le quotient à $\frac{1}{100}$ *d'unité près.*

144. Quand on s'arrête à un chiffre décimal d'un certain ordre, il est bon d'examiner le chiffre suivant. Si ce chiffre est plus grand que 5, ou seulement cinq suivi de quelque chose, il est clair qu'en s'arrêtant immédiatement avant lui, on néglige plus que la $\frac{1}{2}$ de l'approximation, et alors en augmentant d'une unité le chiffre auquel on s'arrête, l'erreur commise est moindre ; on est donc plus près de la vraie valeur du nombre. Par exemple, dans 7,5048, si l'on veut s'arrêter aux millièmes, en ne prenant que 7,504, on commet une erreur *en moins* ou *par défaut* de $\frac{8}{10000}$, tandis qu'en prenant 7,505, on a *l'erreur en plus* ou *par* *excès*, mais seulement de $\frac{2}{10000}$. En pareil cas, on augmentera donc le dernier chiffre de 1. Cela s'appelle *forcer l'unité*.

145. *Manière de faire la division des nombres décimaux.* — L'application de la règle de division des fractions ordinaires, conduit à une règle simple pour celle des nombres décimaux. Soit en effet 53,274 à diviser par 8,5 ; mettant les termes sous forme de fractions ordinaires, il vient :

$$\frac{53274}{1000} : \frac{85}{10} = \frac{53274 \times 10}{1000 \times 85} = \frac{53274 \times 10}{85 \times 1000}$$

ou, en divisant numérateur et dénominateur par 10, $\frac{53274}{8500}$ pour l'expression du quotient.

RÈGLE. — Donc, *pour diviser un nombre décimal par un autre, il suffit de compléter par des zéros le terme qui a le moins de décimales, de manière à lui en donner autant qu'à l'autre ; puis de diviser à la manière ordinaire sans s'occuper de la virgule.* On pousse l'opération jusqu'au degré d'approximation nécessaire

146. On peut souvent opérer plus simplement.

Supposons d'abord le diviseur entier, soit à diviser 53,274 par 8 ; on peut considérer l'opération comme ayant pour but de partager 53,274 en 8 parties égales ; on la dispose comme à l'ordinaire.

$$\begin{array}{r|l} 53{,}274 & 8 \\ 5\ 2 & \overline{} \\ 47 & 6{,}6\ldots \\ \ldots\ldots & \end{array}$$

Puis après avoir divisé la partie entière et obtenu 6 pour quotient, il reste 5 unités qui valent 50 dixièmes et 2 dixièmes du dividende, 52 dixièmes qu'il faut encore partager en 8 parties égales : on obtient de la sorte pour chaque part 6 dixièmes qu'on écrit au quotient après avoir mis une virgule ; il reste 4 dixièmes qui valent 40 centièmes et les 7 du dividende 47 centièmes, qu'on partage en 8, et ainsi de suite.

On a soin de s'arrêter à l'ordre décimal que forme le degré d'approximation utile dans la question qu'on traite, en calculant pourtant le chiffre suivant pour savoir s'il y a lieu de forcer l'unité. La règle à suivre est très-simple.

RÈGLE. — *Diviser la partie entière du dividende comme à l'ordinaire, mettre ensuite une virgule à la droite du quotient trouvé et continuer la division aussi loin que la question l'exige.*

Si la partie entière du dividende ne contient pas le diviseur, on met d'abord zéro pour la partie entière du quotient ; puis on prend au dividende 1, 2, 3, etc., décimales, jusqu'à ce qu'on ait formé un dividende partiel qui contienne le diviseur, et à chaque dividende partiel insuffisant, on écrit un nouveau zéro au quotient, on continue ensuite d'après la règle.

147. Si le diviseur est un nombre décimal, on ramène ce cas au précédent.

Soit en effet 53,274 à diviser par 8,5 ; cela revient à le multiplier par 10 et à diviser le résultat par 85 (**127** 2°), c'est-à-dire, à *reculer la virgule dans le dividende d'autant de rangs vers la droite qu'il y a de décimales au diviseur, et à diviser le dividende ainsi préparé, par le diviseur sans virgule*, comme au n° précédent (**146**).

Il est aisé de voir que dans le cas où le diviseur a plus de décimales que le dividende l'application de cette règle revient à celle qu'on a donnée (**145**) et qui est générale.

148. *Remarque.* — Dans tous les cas, on pourrait faire la division sans s'inquiéter d'abord de la virgule, sauf à la placer convenablement quand on aurait trouvé au quotient le nombre de chiffres que la question demande.

Il est aisé d'ailleurs de s'assurer d'avance quel est l'ordre d'unités le plus élevé du quotient, un simple déplacement y conduit. Des exemples le feront suffisamment comprendre.

1° Soit le quotient $\dfrac{45438,2734}{93,685472}$; en déplaçant la virgule dans le diviséur de deux rangs vers la droite, on reconnaît que 9368,5472 (ou 100 fois le diviseur) est encore contenu dans le dividende, tandis qu'en la déplaçant d'un rang encore, le nombre résultant 93685,472 (ou 1000 fois le diviseur) n'y est plus contenu; donc, le quotient compris entre 100 et 1000 a trois chiffres entiers.

2° Soit encore $\dfrac{58,4563}{2473,285}$, le diviseur est plus grand que le dividende, en déplaçant dans celui-là la virgule à gauche, on reconnaît que le dixième du diviseur surpasse le dividende, tandis que le centième du diviseur lui est inférieur; donc le quotient est compris entre 0,1 et 0,01; donc son premier chiffre est de l'ordre des centièmes.

140. *Remarque générale.* — On doit avoir observé que tout le calcul des nombres fractionnaires, soit ordinaires, soit décimaux se réduit à des opérations exécutées sur des nombres entiers, d'après les règles établies pour eux tout d'abord.

APPROXIMATIONS DANS LES CALCULS.

150. **But de ce chapitre.** — Jusqu'ici nous avons supposé dans nos calculs que les données étaient tout-à-fait exactes et nous avons enseigné les moyens d'obtenir les résultats des opérations exactement aussi ; ou au moins, pour ce qui regarde la division (**143**), avec telle approximation qu'on veut.

Mais, dans la plupart des applications du calcul aux arts, à l'industrie, aux sciences physiques, etc..., les données numériques proviennent de mesures effectuées réellement sur des grandeurs concrètes. Or, toute mesure comporte nécessairement une erreur plus ou moins grande, selon l'habileté de celui qui la fait et la perfection des procédés ainsi que des instruments qu'il emploie.

Dès que les données d'un calcul n'ont pas une complète exactitude, il serait illusoire d'attribuer cette exactitude complète aux résultats.

Pour le faire mieux comprendre, admettons qu'il s'agisse de multiplier 314,6 par 64,89 et que le multiplicateur seul soit exact, le multiplicande étant approché à un dixième d'unité, c'est-à-dire que, dans la mesure qui l'a fourni, on a pu se tromper de quelques centièmes ; il est aisé de voir que chacun des produits partiels de ce multiplicande, par les chiffres du multiplicateur sera inexact de quelques unités de son ordre inférieur, par exemple, si le multiplicande était en erreur véritablement de 5 centièmes, le premier produit partiel le serait de 45 unités de l'ordre inférieur à celui de son dernier chiffre ou de plus de 4 unités de l'ordre de son dernier chiffre, c'est-à-dire de plus de 4 millièmes. Le 2ᵉ produit partiel serait en erreur de

4 unités de l'ordre de son dernier chiffre, c'est-à-dire de 4 centièmes. Semblablement le troisième produit partiel serait en erreur de 2 dixièmes, le quatrième le serait de 3 unités.

D'où il suit que dans le produit total

$$314,6 \times 64,89 = 20414,394$$

les 4 premiers chiffres à droite au moins sont fautifs. On ne peut donc nullement compter sur ces chiffres, et les employer sans réflexion serait s'exposer à des erreurs graves.

D'ailleurs, puisqu'ils sont inutiles, il serait avantageux de ne pas perdre son temps à les calculer.

De plus, quand la question qu'on traite n'exige dans le résultat qu'une certaine approximation, il ne serait pas convenable de prendre les données avec une approximation exagérée qui entraînerait l'emploi de chiffres inutiles.

Ainsi, il est donc avantageux de savoir la relation qui lie l'erreur des résultats d'une opération avec les erreurs des données; afin d'en déduire

1° l'exactitude sur laquelle on peut compter pour le résultat d'un calcul dont les données numériques sont connues avec une approximation déterminée ;

2° avec quelle approximation il faut déterminer les données pour que le résultat comporte une exactitude fixée d'avance.

C'est ce que nous nous proposons pour les quatre opérations actuellement connues, et en même temps, nous ferons connaître des méthodes abrégées pour effectuer les opérations de manière à n'employer que le moindre nombre possible de chiffres.

151. Définitions. — On donne le nom d'*erreur absolue* à la différence entre une quantité exacte et la quantité approchée qu'on prend à sa place dans un calcul.

L'*erreur relative* est le quotient de l'erreur absolue par la quantité exacte. Par exemple, si au lieu d'une longueur de 132 mètres, on prenait 131 mètres, l'erreur absolue serait 1 mètre, et l'erreur relative $\frac{1}{132}$.

Il résulte de là que l'erreur absolue est le produit de l'erreur relative par la quantité exacte considérée. Ainsi, que sur une longueur de 132 mètres on ait commis une erreur relative de $\frac{1}{100}$ c'est-à-dire du centième de sa valeur, l'erreur absolue sera évidemment $132 \times \frac{1}{100}$ ou $\frac{132}{100}$ de mètre ou en décimales $1^m,32$.

152. De ces deux genres d'erreur, c'est l'erreur relative seule qu'il importe de considérer. Une même erreur absolue affectant des quantités différentes, peut-être insignifiante dans les unes et considérable dans les autres. On ne tient pas compte, par exemple, d'une erreur de 1 franc sur 10000 francs, tandis que cette erreur serait considérable sur 10 francs ou moins.

Au contraire, quand on sait qu'une mesure est exacte à $\frac{1}{1000}$ de sa valeur; qu'elle soit grande ou petite, on considère qu'on a le même degré d'approximation.

153. L'erreur commise sur un nombre n'est pas d'ordinaire connue rigoureusement, et quand même elle le serait, il n'est pas utile de la considérer avec toute son exactitude. Dans chaque question, on doit savoir seulement que l'erreur possible de chacune des données ne surpasse pas une quantité assignée.

Les mesures qui ont fourni ces données ne doivent être regardées comme bonnes que si dans la question l'erreur est négligeable vis-à-vis de la grandeur mesurée. Un peu de réflexion, et surtout la considération du but qu'on se propose d'atteindre, font reconnaître la *limite d'erreur* qu'il convient de ne pas dépasser dans chaque question particulière. Cette erreur limite est ordinairement très-petite.

Lorsque nous dirons désormais qu'un nombre est approché à $\frac{1}{100}$, à $\frac{1}{1000}$ d'erreur absolue ou relative, nous entendrons seulement que l'erreur commise par ce nombre est *plus petite* qu'$\frac{1}{100}$, qu'$\frac{1}{1000}$; nous énoncerons tout simplement une limite que ne dépasse pas l'erreur.

154. Un nombre peut être approché *par défaut* (en moins) ou *par excès* (en plus), et l'on peut changer une erreur par défaut en une erreur par excès, en ajoutant simplement au nombre approché la limite de l'erreur absolue ; ainsi qu'un nombre soit approché par défaut à $\frac{1}{10}$ d'unité, ce nombre, augmenté d'$\frac{1}{10}$ sera approché par excès à $\frac{1}{10}$.

On passerait de la valeur par excès à la valeur par défaut en soustrayant au contraire la limite d'erreur absolue.

Il sera commode, pour ne pas multiplier les règles et les cas particuliers, de supposer en général que les résultats de nos opérations seront approchés par défaut.

ERREURS RELATIVES DES DONNÉES ET DU RÉSULTAT

DANS LES QUATRE OPÉRATIONS.

155. Observons d'abord que si l'erreur relative d'un nombre 132 est $\frac{1}{100}$ par défaut, l'erreur absolue est $32 \times \frac{1}{100}$ et l'expression du nombre approché est $132 - 132 \times \frac{1}{100}$ ou $132 \times (1 - \frac{1}{100})$. Ces deux expressions sont équivalentes puisqu'elles signifient l'une comme l'autre, un nombre composé d'une fois 132 moins le $\frac{1}{10}$ de 132.

Mais si l'erreur relative était par excès ce serait $132 \times (1 \times \frac{1}{100})$ qui représenterait le nombre approché.

156. ADDITION. — Soit la somme des nombres exacts $29 + 3,5 + 4,32$. Supposons qu'on les remplace par des nombres approchés par défaut à moins de $1, \frac{1}{10}, \frac{1}{100}$ en valeur absolue, il est clair que l'erreur absolue totale commise sera moindre que $1 + 0,1 + 0,01$ et l'erreur relative de la somme moindre aussi que

$$\frac{1 + 0,1 + 0,01}{29 + 3,5 + 4,32} \quad \ldots \ldots \ldots (A)$$

Sur quoi nous remarquerons deux choses.

1º Si les erreurs des données n'étaient pas toutes par défaut, mais les unes par défaut, les autres par excès, l'erreur absolue de la somme serait la différence entre la somme des premières et celle des secondes, et dans le sens de la plus grande de ces sommesdes erreurs. Comme on ne connaît que les limites supérieures, on ignorera ordinairement le sens de celle du résultat; mais néanmoins on pourra toujours affirmer *que l'erreur absolue d'une somme est moindre que la somme des erreurs absolues de ses parties.*

2º Quant à l'erreur relative (A) de la somme, si on la compare aux fractions,

$$\frac{1}{29}, \quad \frac{0,1}{3,5}, \quad \frac{0,01}{4,32}$$

qui expriment les erreurs relatives des diverses parties de la somme, on pourrait démontrer qu'elle est inférieure à la plus grande des *erreurs relatives des nombres qu'on additionne.*

157. Toutefois, cette limite ne présente pas toujours une approximation assez exacte ; il suffirait, par exemple, qu'on introduisît dans une somme un très-petit nombre avec une approximation d'un degré élevé, pour élever beaucoup la limite d'erreur relative assignée pour la somme, tandis que cette somme aurait en réalité à peine été modifiée.

Aussi, bien que dans certains cas, il puisse y avoir quelque avantage à considérer cette limite, peut-on, en général, considérer l'erreur absolue avec la relation énoncée (1º). Ce sera préférable surtout toutes les fois que les nombres à additionner seront très-inégaux.

158. SOUSTRACTION. — Soit la différence de deux nombres exacts 53 — 8,5. Admettons qu'on en remplace les termes par des nombres approchés, le premier *par défaut* à 1 unité près, le deuxième à 0,1 près *par excès*, afin que la différence soit approchée par défaut.

Il est clair que l'erreur absolue de la différence sera la somme $1 + 0,1$ des erreurs des termes. Si celles-ci étaient par défaut toutes les deux, celle-là serait leur différence, mais on pourrait en ignorer le sens pour la raison déjà donnée à propos de l'addition. Il est néanmoins toujours vrai de dire que l'*erreur absolue d'une différence est plus petite que le double de la plus grande des erreurs des termes.*

Quant à l'erreur relative, elle serait ici par définition égale à $\dfrac{1+0,1}{53-8,5}$ qui n'est pas plus petite que la plus grande $\frac{1}{53}$ des erreurs relatives des termes. En général, il n'y a pas lieu d'établir une relation entre cette erreur relative et celle des données.

159. Multiplication. — 1º Soit d'abord un produit de deux facteurs 8×3; admettons qu'en laissant le dernier exact, nous remplaçions le premier par une valeur approchée par défaut à $\frac{1}{100}$ d'erreur relative, le facteur approché sera

$$8 \times (1 - 0,01) \quad (155.)$$

et le produit approché

$$8 \times (1-0,01) \times 3 = 8 \times 3 \times (1-0,01)$$

c'est-à-dire **(155)** que l'erreur relative du produit est encore $0,01$; ainsi *quand un seul facteur est inexact, l'erreur relative du produit est égale à celle du facteur inexact.*

160. 2º Soit maintenant le second facteur remplacé aussi par un nombre approché par défaut à $\frac{1}{10}$ d'erreur relative, il deviendra

$$3 \times (1 - 0,1)$$

et le produit approché sera

$$8 \times (1-0,01) \times 3 \times (1-0,1) = 8 \times 3 \times (1-0,01) \times (1-01)$$

Or, d'après la définition de la multiplication (**119**) le produit des deux derniers facteurs est égal à

$$1 - 0,01 - (1 - 0,01) \times 0,1$$

c'est-à-dire qu'il faut pour l'avoir, soustraire de $1 - 0,01$ le produit de

$$(1 - 0,01) \times 0,1 = 0,1 - 0,001 \times 01$$

Mais si l'on ne soustrait que $0,1$ on soustraira un nombre trop grand ; donc la différence sera trop petite, et alors on aura

$$(1 - 0,01) \times (1 - 01) \overset{(1)}{>} 1 - 0,01 - 01$$

par suite, le produit approché sera plus grand que

$$8 \times 3 \times (1 - 0,01 - 0,1).$$

S'il était exactement égal à $8 \times 3 \times (1 - 0,01 - 0,1)$

l'erreur relative serait (**155**) exactement $(0,01 + 01)$; mais comme il est plus grand et approché par défaut, il diffère moins du vrai produit, et l'erreur relative est plus petite que $(0,01 + 0,1)$.

Concluons donc *que l'erreur relative d'un produit approché par défaut est plus petite que la somme des erreurs relatives des facteurs.*

161. S'il y avait plus de deux facteurs, une fois la proposition démontrée pour deux, on pourrait considérer le produit des deux premiers comme effectué, et en le multipliant par le 3ᵉ, on verrait que l'erreur relative du nouveau produit étant

---

(1) Le signe $>$ s'énonce *plus grand que*, et le signe inverse $<$ *plus petit que*. Ces signes d'inégalité sont souvent employés, le plus petit des deux nombres qu'ils séparent est toujours à la pointe du $>$

moindre que la somme de celles du 3ᵉ facteur simple et du facteur complexe qui se compose du produit des deux premiers, est par là même plus petite que la somme des erreurs relatives des 3 facteurs. On étendrait de même la proposition à 4 facteurs.... à autant de facteurs qu'on voudrait.

162. DIVISION. — 1° Supposons un quotient exact $\frac{8}{5}$, et admettons que le diviseur restant exact, le dividende seul soit remplacé par un nombre approché à 0,01 par défaut, le quotient approché sera

$$\frac{8 \cdot (1 - 0,01)}{5} \quad \text{ou} \quad \frac{8}{5} \cdot (1 - 0,01)$$

c'est-à-dire que dans ce cas *l'erreur relative du quotient est encore 0,01, la même et de même sens que celle du dividende.*

163. 2° Soit actuellement le dividende exact et le diviseur remplacé par un nombre approché *par excès* à 0,1, le quotient deviendra

$$\frac{8}{5 \cdot (1 + 0,1)} \quad \text{ou} \quad \frac{8}{5} \times \frac{1}{1 + 0,1}$$

Mais la fraction $\frac{1}{1 + 0,1}$ peut s'écrire $\frac{1}{\ldots}$ ou $\frac{10}{11}$ ou encore $\left(1 - \frac{1}{11}\right)$ donc le quotient approché est égal à

$$\frac{8}{5} \cdot \left(1 - \frac{1}{11}\right)$$

l'erreur relative est donc $\frac{1}{11}$ c'est-à-dire plus petite que celle du diviseur, mais par défaut ; ainsi, *quand le diviseur est approché par excès, l'erreur relative du quotient est par défaut moindre que celle du diviseur.*

164. 3° Supposons enfin les deux termes remplacés par des nombres approchés, le dividende *par défaut* à 0,01 et le diviseur *par excès* à 0,1 d'erreur relative ; le quotient approché sera de

$$\frac{8 \cdot (1-0,01)}{5 \cdot (1+0,1)} \quad \text{ou} \quad \frac{8}{5} \cdot (1-0,01) \cdot \left(\frac{1}{1+0,1}\right)$$

et d'après ce qu'on a vu (**163**) pour le dernier facteur, le quotient devient en effectuant

$$\frac{8}{5} \cdot (1-0,01) \cdot \left(1 - \frac{1}{11}\right)$$

et si l'on répète le raisonnement qu'on a fait dans la multiplication, on trouve que ce quotient est plus grand que

$$\frac{8}{5} \cdot \left(1-0,01 - \frac{1}{11}\right)$$

et à plus forte raison que $\frac{8}{5} \cdot (1-0,01-0,1)$

d'où l'on conclut encore que
l'erreur relative d'un quotient approché par défaut est moindre que la somme des erreurs relatives des termes.

165. On peut indiquer le degré d'approximation d'un nombre, soit en énonçant la limite de l'erreur absolue dont il est affecté, soit en énonçant l'erreur relative, et il est utile de savoir transformer ces indications l'une dans l'autre.

C'est ce que nous allons d'abord apprendre au moyen de deux propositions fort simples.

166. Proposition. — *Lorsque l'erreur absolue d'un nombre est moindre qu'une unité d'un certain rang à partir de ses plus hautes unités, l'erreur relative est moindre qu'une unité décimale d'un ordre marqué par ce rang moins 1.*

Par exemple : Si au lieu du nombre exact 627,548 on prend

627,5 qui n'en diffère pas d'une unité de l'ordre des dixièmes, le 4ᵉ à partir de l'ordre le plus élevé ; l'erreur relative sera moindre qu'une unité décimale du 3ᵉ ordre ou que 0,001.

En effet, l'erreur absolue étant moindre qu'un dixième, l'erreur relative sera par suite moindre que

$$\frac{0,1}{627,548} \quad \text{ou que} \quad \frac{1}{6275,48}$$

et à fortiori moindre que $\frac{1}{1000}$ ou 0,001.

le dénominateur 1000 étant le plus petit nombre possible de 4 *chiffres*, c'est-à-dire, l'unité suivie de 3 *zéros*. C'est ce qu'on voulait établir.

Remarque 1. — Quand le chiffre des plus hautes unités du nombre est connu comme ici 6, on a une limite plus petite de l'erreur relative ; c'est la précédente divisée par ce 1ᵉʳ chiffre. Il est évident, en effet, que l'erreur relative est plus petite dans l'exemple précédent que $\frac{1}{6000}$ ou que $\frac{0,001}{6}$ comme nous l'annoncions.

Remarque 2. — Il n'est pas nécessaire pour que la proposition précédente s'applique, que l'on prenne dans le nombre les 4 premiers chiffres exacts comme nous l'avons fait ; il suffit que l'erreur soit moindre qu'un dixième ; ainsi 627,49 donnerait lieu aux mêmes conclusions.

Il ne faudrait pas penser qu'inversement, quand l'erreur relative d'un nombre est moindre qu'une unité décimale du 1ᵉʳ, 2ᵉ, 3ᵉ ordre, l'erreur absolue est moindre qu'une unité du 2ᵉ, 3ᵉ, 4ᵉ rang à partir des plus hauts ; ainsi, prenons 627,39 au lieu de 627,548, l'erreur relative $\frac{0,158}{627,49}$ est évidemment plus petite que 0,001, et pourtant l'erreur absolue est 0,158 plus grande qu'une unité du 4ᵉ ordre, à partir des plus élevées.

167. PROPOSITION. — *Mais pour que l'erreur absolue d'un* *nombre soit moindre qu'une unité d'un certain rang à partir des plus hautes unités, il suffit toujours que l'erreur relative soit moindre qu'une unité décimale de l'ordre marqué par ce rang lui-même.*

Ainsi, dans l'exemple cité, prenons au lieu de 627,548 le nombre 627,49; l'erreur relative est $\dfrac{0,058}{627,548}$ il est aisé de voir qu'elle est plus petite que 0,0001, unité décimale de 4e ordre ; alors on peut affirmer que l'erreur absolue est moindre qu'une unité de l'ordre du 4e chiffre 5.

En effet, l'erreur absolue qui égale le produit (**151**) de l'er-reur relative par le nombre exact est plus petite que 0,0001 $\times$ 627,548 ou 627,548 $\times$ 0,0001. Or, 627,548 est plus petit que 10000 unités de l'ordre de son 4e chiffre 5; donc l'erreur absolue est *à fortiori* moindre que 10000 unités de cet ordre multipliées par 0,0001, c'est-à-dire moindre qu'*une* unité de cet ordre, comme on voulait le faire voir.

Remarque 1. — Ici, on connaît le premier chiffre 6 du nombre, et il aurait suffi que l'erreur relative fût reconnue inférieure, non plus à 0,0001, mais seulement à 0,001 divisé par (6 $+$ 1), c'est-à dire à $\dfrac{0,001}{7}$ pour qu'on eût pu tirer la même conclusion par rapport à l'erreur absolue; car l'erreur absolue est ici moin-dre que $\dfrac{0,001}{7} \times$ 627,548 ou que 627,548 $\times \dfrac{0,001}{7}$. Or 627,548 étant $<$ 7000 unités de l'ordre de son 4e chiffre, l'erreur absolue sera, *a fortiori* moindre que 7000 unités de cet ordre multipliées par $\dfrac{0,001}{7}$ ou qu'une de ces unités; ce qu'on voulait faire voir.

Remarque 2. — Bien que la valeur de 627,49 soit approchée de 627,548 à moins d'une unité de l'ordre de son 4e chiffre, cela ne veut pas dire que les quatre premiers chiffres soient exacts ; de sorte que si l'on ne voulait conserver que quatre chiffres, on ferait une nouvelle erreur de 9 centièmes, qui, ajoutée à la 1re 0,058, surpasserait 1 dixième, c'est-à-dire une unité de l'ordre du 4e chiffre.

En pareil cas, si l'on veut ne garder que quatre chiffres et cependant ne pas se tromper d'une unité de l'ordre du dernier, il suffit d'augmenter celui-ci d'une unité ; les deux erreurs successives moindres que 1 qu'on commet, sont alors de sens différents, et l'erreur finale qui en est la différence est par suite moindre aussi que 1. Le sens de cette erreur n'est pas ordinairement connu, parce qu'on ne sait pas laquelle des deux erreurs qui la composent est la plus grande.

La précaution d'augmenter de 1 le dernier chiffre, ne devra jamais être négligée en pareil cas.

168. N. B. On pourrait encore désigner l'erreur d'un nombre par le nombre de chiffres exacts qu'on y considère, cela reviendrait immédiatement à donner la limite de l'erreur absolue qui serait l'unité décimale de l'ordre du dernier chiffre ou du chiffre suivant (on l'entend ordinairement de la première manière ; un nombre avec trois chiffres exacts, s'entend d'un nombre où l'erreur absolue est moindre qu'une unité de l'ordre du 3e chiffre).

169. Applications. — Ceci posé, quand on connaîtra la limite d'erreur de chacun des nombres qui entrent dans une des quatre opérations, il sera facile, au moyen des relations établies (**156** à **161**), d'assigner la limite d'erreur du résultat. Je n'en donnerai qu'un exemple, en engageant le lecteur à s'exercer sur d'autres qu'il prendra lui-même.

Soit le produit déjà pris comme exemple $314,6 \times 64,89$ (**150**) dans lequel le multiplicande est approché à un dixième d'unité, le multiplicateur étant exact ; la limite d'erreur relative du multiplicande sera 0,001 (**166**), ce sera celle aussi du produit (**159**), donc (**167**), on peut affirmer que le produit n'est pas en erreur d'une unité de l'ordre de son 3ᵉ chiffre, c'est-à-dire d'une centaine.

En se servant des remarques exposées (**166** et **167**), on trouve $\frac{1}{3000}$ pour l'erreur relative du multiplicande, et par suite, comme le 1ᵉʳ chiffre du produit est 2 et que son erreur relative est $< \dfrac{0,001}{2+1}$, on est sûr que l'erreur absolue commise sur lui est moindre qu'une unité de l'ordre de son 4ᵉ chiffre; je veux dire moindre qu'une dixaine; de sorte que si l'on veut ne conserver que les chiffres utiles, on devra prendre pour le produit 20420, suivant la remarque 2 (**167**).

170. Il n'est pas plus difficile de déduire des règles que nous avons exposées l'approximation avec laquelle il faut calculer les données d'une opération pour que le résultat comporte une exactitude assignée d'avance.

ADDITION. — Que l'on ait à additionner quatre nombres, de façon que la somme ne soit pas affectée d'une erreur relative égale à 0,0001; il lui faudra cinq chiffres exacts, et par conséquent (**156**), il suffira que chacun des quatre nombres soit calculé avec une erreur absolue moindre que $\frac{1}{4}$ d'unité de l'ordre du 5ᵉ chiffre de la somme, c'est-à-dire à moins d'une unité de l'ordre du 6ᵉ chiffre.

171. SOUSTRACTION. — Il suffira dans tous les cas qu'on calcule chaque terme avec un chiffre exact de plus que l'on en veut à la différence.

172. MULTIPLICATION. — Pour calculer un produit de deux facteurs à moins d'une unité décimale donnée d'erreur relative; par exemple : à 0,001, c'est-à-dire pour que le produit ait trois chiffres exacts (**167**), il suffira (**160**) que l'erreur relative de chaque facteur soit moindre que $\frac{1}{2}$. 0,001 ou à plus forte raison moindre que 0,0001, c'est-à-dire que chaque facteur soit calculé avec cinq chiffres exacts.

Si le premier chiffre d'un facteur est au moins égal à 2, il suffira de quatre chiffres, parce qu'alors (**166**, *Rem.* 1) l'erreur relative de ce facteur serait moindre que $\dfrac{0,001}{2}$ comme cela suffit.

Si l'un des facteurs seulement était approché, il suffirait (**159**) de quatre chiffres.

Soit, comme exemple, le produit de $2,4532796 \times 35,26135$ qu'on voudrait à 0,001 près de sa valeur, il suffirait de prendre dans chaque facteur quatre chiffres d'après la règle particulière qui vient d'être donnée, c'est-à-dire de multiplier 2,453 par 35,26, et le produit 86,49338 serait approché à une unité près de l'ordre de son 4e chiffre, de sorte qu'en conservant seulement ces quatre premiers chiffres et augmentant le dernier de 1, suivant la règle du **n° 167**, on aurait pour le produit cherché 86,50.

173. Division. —Puisque la relation entre l'erreur relative du quotient et celle de ses termes est exactement la même que pour un produit, les conclusions sont absolument les mêmes aussi ; c'est-à-dire que si *les deux termes sont approchés, on les prendra en général avec deux chiffres de plus qu'on n'en veut d'exacts au quotient.*

Si, en particulier, leur 1er chiffre n'est pas moindre que 2, il suffira d'autant de chiffres plus un qu'on en veut au quotient.

Si l'un d'eux est exact, il faudra à l'autre autant de chiffres plus un qu'on en veut au quotient.

Ainsi soit le quotient

$$\frac{53,241\ 6897}{3,584\ 2561} \cdot\cdot\cdot\cdot\cdot\cdot\cdot (A)$$

qu'on veut à 0,01 de sa valeur, c'est-à-dire avec deux chiffres exacts, il suffira de prendre 53,2 pour le dividende, et 3,59 pour le diviseur ; (ce dernier est pris par excès pour que le quotient soit par défaut). On divisera donc 532 par 359, d'après la règle ordinaire , jusqu'à ce qu'on ait deux chiffres au quotient ; on trouve 14 avec un reste 294, le chiffre suivant serait 8. Quand donc on ne prend que 14, on commet, à cause du reste négligé, une 2ᵉ erreur moindre que $\frac{9}{10}$ d'unité de l'ordre du 4, et comme l'erreur du quotient total $14 + \frac{294}{359}$ est d'ailleurs moindre que 1 ; en augmentant le dernier chiffre 4 d'une unité , le nombre 15 ne différera pas du quotient (A) complet de $\frac{9}{10}$ d'unité de l'ordre de son dernier chiffre , il remplira donc les conditions demandées. Il reste s'il y a lieu à y mettre une virgule qui le ramène à sa vraie valeur, car nous avons opéré comme sur des nombres entiers. En appliquant la remarque (**148**), on a simplement 15 pour le quotient.

174. Nous engageons le lecteur à s'exercer sur des exemples qu'il se donnera lui-même , et à comparer en même temps les résultats simples qu'il obtiendra en suivant ces méthodes d'approximation avec les résultats compliqués de chiffres inutiles et inexacts que lui donneraient les règles ordinaires.

MÉTHODES ABRÉGÉES

POUR LA MULTIPLICATION ET LA DIVISION.

175. Il existe d'ailleurs, pour la multiplication et la division, des procédés abrégés dans lesquels on n'emploie que les chiffres qu'il est utile de faire concourir au résultat définitif.

MULTIPLICATION. — Soit à obtenir le produit de 2,4531796 ✕ 35,261354 à 0,001 près de sa valeur, ou, ce qui revient au même, avec quatre chiffres exacts. Comme le produit ne renfermera que deux ordres d'unités entières, le 4ᵉ chiffre sera celui des centièmes; l'erreur du produit demandé doit donc être moindre que 0,01. Pour l'obtenir, j'observe que le produit tout entier renfermerait huit produits partiels (moins de *dix*), et que, par conséquent, si je calcule chacun avec une approximation *d'un millième* seulement, la somme des huit produits partiels, ou le produit total, ne sera pas en erreur de 10 millièmes ou de 0,01; il sera donc tel qu'on le demande. Ainsi la question revient à calculer chaque produit partiel à moins de 0,001. Ce que l'on fera en calculant chacun depuis les dix-millièmes et négligeant les chiffres inférieurs à celui des dix-millièmes. Car l'erreur que l'on peut commettre ainsi sur le chiffre des dix-millièmes, dans un produit partiel, provient de la retenue qu'on ne fait pas sur les chiffres inférieurs non calculés; or, cette retenue étant au plus de 0,0008 (puisque 9 . 9 = 81), elle est bien, comme on le voit, < 0,001.

Remarquons encore qu'il est indifférent qu'on calcule ces divers produits partiels les uns après les autres dans tel ordre plutôt que dans tel autre, pourvu qu'on place les chiffres de même ordre les uns sous les autres. Aussi, écrit-on le multiplicateur à rebours, en mettant le chiffre 5 de ses unités sous celui des dix-millièmes du multiplicande, c'est-à-dire de *deux rangs au-dessous de celui* des centièmes *qui marque l'approximation voulue.*

Cet artifice de disposition présente l'avantage que le produit de chaque chiffre du multiplicande par celui qui est au-dessous dans le multiplicateur est de l'ordre des dix-millièmes, le plus petit de ceux qu'on veut calculer, et qu'on commencera chaque produit partiel au chiffre du multiplicande placé immédiatement au-dessus de celui du multiplicateur qui y donne lieu. Ainsi, les facteurs étant écrits de la sorte, je multiplie par le premier chiffre 3 du multiplicateur, en commençant au chiffre 7 du multiplicande; j'écris le produit 735981 au-dessous; puis, je multiplie successivement par 5, en commençant au 2 du multiplicande, le produit est 122660 dix-millièmes que j'écris sous le précédent... je continue en reculant d'un rang à chaque fois, jusqu'à ce que j'aie épuisé tous les chiffres qui sont sous le multiplicande; les autres produits étant nécessairement $< 0,001$ sont inutiles à calculer. J'additionne ensuite les produits partiels obtenus et je néglige les deux derniers chiffres qui n'ont été calculés qu'auxiliairement; je trouve 86,50 pour le produit approché à moins de 0,001 de sa valeur.

$$
\begin{array}{r}
2,4532796 \\
453\ 16253 \\
\hline
7\ 35981 \\
1\ 22660 \\
4906 \\
1470 \\
24 \\
6 \\
\hline
86,5047
\end{array}
$$

Ce raisonnement généralisé conduit à une règle qu'on peut ainsi formuler :

RÈGLE. — *Ecrire le multiplicateur à rebours, en plaçant le chiffre de ses unités sous le chiffre du multiplicande qui est de deux rangs à droite de celui dont l'ordre indique le degré d'approximation voulu ; puis, multiplier par le 1er chiffre à droite du multiplicateur le chiffre du muliplicande qui se trouve au-dessus, ainsi que la partie du multiplicande à gauche de ce chiffre; faire de même pour les chiffres successifs du multiplicateur, en ayant soin d'aligner tous les produits partiels par la droite sur le 1er. Additionner ces produits et séparer à la comme deux décimales de plus qu'on n'en veut conserver, laisser de côté les deux dernières. On aura alors le produit demandé.*

176. On peut apprécier avec plus de précision l'erreur commise. Dans le 1er produit partiel, la partie négligée est moindre qu'une unité de l'ordre du 7 multiplié par 3 , ou que 3 dix-millièmes ; dans le suivant , l'erreur est moindre que 5 dix-millièmes ; dans le 3e, moindre que 2 dix-millièmes , puis que 6, que 1, que 3 dix-millièmes dans les autres , ce qui fait déjà

$$(3+5+2+6+1+3) \text{ dix-millièmes.}$$

En outre , en négligeant les derniers chiffres 5 4 du multiplicateur, on néglige le produit d'un nombre $<(2+1)$ multiplié par un nombre < 1 dix-millième , c'est-à-dire un nombre plus petit que $(2+1)$ ou 3 dix-millièmes. L'erreur totale commise au produit est donc moindre que

$$(3+5+2+6+1+3, +3) \text{ dix-millièmes, ou } 0{,}0023.$$

De là cette règle aisée à appliquer : *L'erreur absolue d'un produit fait par la méthode abrégée est moindre que la somme des unités des chiffres du multiplicateur, pris à partir du 1er à droite jusqu'au dernier (inclusivement) de ceux qui en ont au-dessus d'eux dans le multiplicande ; somme à laquelle on ajoute le chiffre à gauche du multiplicande augmenté de 1, quand il y a des chiffres du multiplicateur qui dépassent le multiplicande sur la gauche.*

La connaissance de cette limite peut servir à deux choses : d'abord , à savoir d'avance si la méthode peut s'appliquer quand il y a plus de dix chiffres au multiplicateur. Il suffit, en pareil cas, de calculer cette limite de l'erreur, et toutes les fois qu'elle reste inférieure à l'approximation voulue, rien ne s'oppose à ce qu'on applique la méthode ; sinon on calculerait un chiffre de plus dans chaque produit partiel.

Ensuite, cette limite fait connaître souvent le sens de l'erreur totale ; ainsi, dans l'exemple actuel, l'erreur commise quand on prend au produit 86,5047 étant moindre que 0,0023, si l'on se tient aux quatre premiers chiffres 86,50, on commet encore une erreur nouvelle 0,0047, qui, avec la précédente, ne fait que

0,0070 ; ainsi l'erreur totale est moindre que 0,01, et par conséquent 86,50 est approché par défaut.

Si la somme de ces erreurs avait dépassé 0,01, on aurait augmenté de 1 le dernier chiffre 0 de 86,50, d'après la remarque
(**167**), mais le sens de l'erreur eût été douteux.

Remarque. — Il est presque superflu de remarquer si le multiplicande n'avait pas de chiffres à droite de ceux du multiplicateur, ou le multiplicateur à gauche du multiplicande, il faudrait
modifier ce que nous venons de dire de la limite d'erreur. Un peu
de réflexion indiquera aisément en quoi consistera cette modification dans chaque cas particulier.

177. DIVISION. — Soit le quotient :

$$\frac{162,5178432}{12,3852479} \ldots \ldots \ldots (A)$$

qu'on veut calculer à 0,0001 de sa valeur, ou, ce qui revient au
même, avec cinq chiffres exacts ; il suffira de prendre sept chiffres exacts à chacun des termes (**173**), en augmentant d'une
unité le dernier conservé au diviseur pour que le quotient
soit par défaut (**164**).

Le quotient de

$$\frac{162,5178}{12,38525} \ldots \ldots \ldots (B)$$

sera donc approché à une unité de l'ordre de son 5ᵉ chiffre,
qui sera (**148**) l'ordre des millièmes.

Faisons toutefois abstraction des virgules pour faciliter le
raisonnement, sauf à les rétablir ensuite, et regardons provi-
soirement ce 5ᵉ chiffre comme représentant des unités simples.

D'abord le 1ᵉʳ chiffre se trouve comme à l'ordinaire.

Pour avoir le 2ᵉ on abaisse un zéro à la droite du reste
3866530, et l'on applique encore la règle ordinaire.

Pour calculer le 3ᵉ, on n'abaisse rien à la droite du nouveau reste, et l'on barre le dernier chiffre 5 du diviseur en augmentant le précédent d'1 ; on prend donc pour nouveau diviseur 123853. De cette façon, le quotient reste par défaut, et l'erreur qu'on commet sur le quotient par cette modification est moindre qu'une unité inférieure à celle de son 5ᵉ chiffre. En effet, le dividende actuel 150955 est regardé comme exact, le diviseur 123853 a 6 chiffres exacts ; le quotient de ces deux nombres, c'est-à-dire ce qui reste à trouver au quotient en aura 5 (**163**), ou bien ne sera pas en erreur d'une unité de l'ordre de on 5ᵉ chiffre, lequel est inférieur de deux ordres au dernier de ceux que nous voulons avoir à notre quotient général. Le chiffre du quotient calculé avec ces termes est 1 avec 27102 pour reste.

On calcule le chiffre suivant en barrant encore le dernier chiffre du diviseur pour s'arrêter au précédent qu'on augmente encore d'une unité, et l'on divise 27102 par 12386, l'erreur commise sur le quotient est encore, comme ci-dessus, moindre que l'unité inférieure de deux ordres à celui du 5ᵉ chiffre du quotient. Le 4ᵉ chiffre ainsi calculé est 2.

On continue en barrant un chiffre au diviseur pour augmenter le précédent d'une unité et l'on divise 2330 par 1239, on trouve 1 pour le 5ᵉ chiffre du quotient et pour reste 1091 ; l'erreur commise ayant les mêmes limites que les précedentes.

$$
\begin{array}{r|l}
 & 9\tilde{6}3 \\
1625781 & 1238525 \\
3866530 & \overline{13121} \\
150955 & \\
27102 & \\
2330 & \\
1091 &
\end{array}
$$

Faisons le compte des erreurs successives ; d'abord sur les trois derniers chiffres l'erreur est moindre que 0,03 d'unité de l'ordre du 5ᵉ chiffre ; ensuite, la fraction négligée $\frac{1091}{1230}$ est moindre que 0,9 de cette même unité : en tout, le quotient 13124 est approché de (B) par défaut à moins de (0,9 + 0,03) ou de 0,93 d'unité de l'ordre du 5e chiffre ; comme d'ailleurs (B) ne diffère pas de (A) par défaut d'une unité de cet ordre, 13121 est donc finalement approché de (A) par défaut à moins de 1,93 ; et en augmentant de 1 son dernier chiffre suivant la remarque (**16 7**) et rétablissant la virgule, il vient 13,122 pour le quotient demandé à moins de 0,0001 de sa valeur.

Remarque 1. — Si la limite de l'erreur commise dans le calcul de (B) eût dépassé 0,99, il eût fallu calculer les trois premiers chiffres du quotient à la manière ordinaire en ne commençant les suppressions des chiffres au diviseur qu'à partir du 4e.

Remarque 2. — Tous les quotients successifs étant par défaut, il n'est point possible qu'on trouve jamais 10 pour quotient dans aucune division partielle.

On déduit de cet exemple généralisé la règle que voici :

RÈGLE. — *On conserve au dividende et au diviseur deux chiffres de plus qu'on n'en veut au quotient, on calcule comme à l'ordinaire les deux premiers chiffres du quotient, puis on supprime le dernier chiffre à droite du diviseur en augmentant le précédent d'une unité ; on divise le reste des deux divisions précédentes par ce diviseur ainsi modifié et l'on obtient le 3e chiffre du quotient.*

Pour chaque chiffre suivant on opère de la même façon sur le diviseur qu'on vient d'employer et ainsi de suite jusqu'à ce qu'on ait trouvé tous les chiffres qu'on voulait. On a soin d'augmenter le dernier obtenu d'une unité.

Si l'un des dividendes partiels ne contenait pas son diviseur, on écrirait un zéro au quotient pour continuer ensuite suivant la règle.

TRANSFORMATION DES FRACTIONS ORDINAIRES

EN FRACTIONS DÉCIMALES ET INVERSEMENT.

178. Cette transformation a déjà été expliquée (**142**), car une fraction quelconque, par exemple $\frac{7}{12}$, peut être regardée comme le quotient de 7 par 12 (**98**), et l'on sait (**142** et suiv.) évaluer un quotient en décimales, soit exactement, soit avec toute l'approximation désirable. Nous n'y reviendrons pas ; mais nous ajouterons quelques remarques sur le caractère auquel on reconnaît à l'avance qu'une fraction ordinaire donnée peut être convertie ou non en fraction décimale exacte.

179. Supposons la fraction ordinaire donnée réduite à sa plus simple expression ; nous savons (**107**) qu'elle ne sera réductible en fraction décimale qu'autant que son dénominateur divisera 10, 100, 1000..., etc., c'est-à-dire 10, 10^2, 10^3..., etc.; mais ces dénominateurs nouveaux ne contenant que les facteurs 2 et 5 qui composent 10, il faudra *que celui de la fraction proposée ne contienne pas d'autres facteurs premiers que 2 et 5. S'il en contient d'autres, la fraction ne sera pas réductible exactement en décimales.*

180. Quand elle l'est, il est aisé de voir combien son expression décimale contiendra de chiffres décimaux. Pour exemple : soit $\frac{3}{40}$, dont le dénominateur $40 = 2^3 \cdot 5$; si l'on suit la règle (**142**), chaque fois que l'on emploiera un nouveau zéro à droite du numérateur, on multipliera ce numérateur par 10, c'est-à-dire qu'on y introduira le facteur 2 et le facteur 5 ; donc,

8

après l'emploi de trois zéros, on aura introduit trois fois ces facteurs, et comme le plus haut exposant qu'ils aient dans 40 est **3**, le numérateur, ainsi préparé, sera divisible par 40 ; le quotient aura donc (**142**) trois décimales.

En général, *la fraction décimale terminée équivalente à une fraction ordinaire irréductible, renferme autant de décimales qu'il y a d'unités dans le plus haut exposant des facteurs 2 ou 5 que renferme nécessairement le dénominateur de cette fraction.*

151. Quand le dénominateur d'une fraction irréductible contient d'autres facteurs que 2 et 5, sa conversion en fraction décimale donne lieu à une fraction qui ne se termine point quelque loin qu'on pousse l'opération. Cette fraction illimitée affecte une forme remarquable, en ce que l'on voit au quotient se présenter une série de chiffres qui, après un certain nombre de divisions, reviennent périodiquement et indéfiniment dans le même ordre.

En voici la raison : Quand on applique la règle (**142**), les dividendes partiels successifs ne sont autre chose que les restes successifs suivis d'un zéro ; or, ces restes sont plus petits que le diviseur ; de sorte qu'après autant de divisions, moins une, qu'il y a d'unités dans le diviseur, on verra reparaître un des restes précédents (s'il n'a pas reparu plus tôt). A partir de là, on aura même dividende partiel, même quotient, même reste, et ainsi de suite indéfiniment.

Par exemple : soit $\frac{3}{11}$ à convertir en décimales.

Voici l'opération.

$$\begin{array}{r|l} 30 & 11 \\ 80 & \overline{\quad 0{,}27\ 27\ 27\ldots} \\ \;3 & \end{array}$$

Dès la 2ᵉ division partielle, on retrouve le reste 3 déjà employé, et le résultat est la fraction indéfinie 0,272727.... Une pareille fraction décimale est dite *périodique*, et le groupe de chiffres 27 qui se reproduit indéfiniment se nomme la *période*.

182. Une fraction périodique est *pure*, si elle ne renferme que des chiffres formant périodes ; elle est *mixte*, quand elle a des chiffres irréguliers avant la première période.

Ainsi 0,272727..... est une fraction périodique *pure*.

0, 6272727... en est une *mixte*.

183. Observons que la valeur d'une fraction périodique varie avec le nombre des périodes que l'on y considère ; plus on prend de ces périodes, plus la valeur de la fraction s'approche de sa *limite*, la fraction ordinaire qui l'a produite (**143**), mais sans jamais l'égaler. De sorte qu'il serait inexact d'écrire ou d'énoncer, par exemple :

$$\tfrac{3}{11} = 0{,}272727\ldots$$

Pour être exact, il faut écrire :

$\tfrac{3}{11} =$ limite de 0,272727... ou, en abrégé, $\tfrac{3}{11} =$ lim. 0,272727...

184. Actuellement, proposons-nous de transformer une fraction décimale en fraction ordinaire.

Deux cas à distinguer : ou la fraction décimale est terminée, ou elle est périodique.

Si elle est terminée, par exemple : 0,375, *on l'écrira sous forme de fraction ordinaire* $\tfrac{375}{1000}$, *et on la réduira à sa plus simple expression* $\tfrac{3}{8}$. *La conversion sera effectuée.*

185. Soit maintenant une fraction périodique que nous supposons d'abord pure ; pour exemple, prenons :

$$0{,}272727\ldots$$

Si, la fraction génératrice étant retrouvée, nous voulions revenir à 0,272727.. en appliquant la méthode connue (**142**) après deux divisions partielles, nous aurions au quotient 0,27, avec un reste égal au numérateur de la fraction génératrice elle-même ; et ce reste exprimerait des centièmes, c'est-à-dire que 0,27 est égal à la fraction cherchée, moins la $\frac{1}{100}$ partie de cette fraction, ou, ce qui revient au même, à ses $\frac{99}{100}$, ou encore au produit de cette fraction par $\frac{99}{100}$. Donc cette fraction génératrice est le quotient de 0,27 divisé par $\frac{99}{100}$ ou $\dfrac{0,27}{\frac{99}{100}} = \dfrac{0,27 \times 100}{99}$ ou enfin $\frac{27}{99} = \frac{3}{11}$ en simplifiant.

RÈGLE. — De là cette règle très-simple : *La fraction génératrice d'une fraction décimale périodique a pour numérateur la période, et pour dénominateur un nombre composé d'autant de 9 que cette période a de chiffres.* (1)

186. Soit une fraction périodique mixte :

$$0,653272727\ldots$$

La fraction ordinaire génératrice se composera de la fraction décimale terminée 0,653, et de la fraction génératrice de 0,000272727... et cette dernière est évidemment la même que celle de 0,272727... divisée par 1000 ou que $\frac{27}{99000}$. Donc la fraction génératrice demandée a pour valeur $\frac{653}{1000} + \frac{27}{99000}$; ou en faisant l'addition, après avoir réduit au même dénominateur 99000

$$\frac{653 \times 99 + 27}{99000}$$

Afin de donner une règle aisée à énoncer, au lieu de prendre

(1) Lacroix, dans son Arithmétique, démontre ce résultat très-simplement. Il observe d'abord que les fractions ordinaires $\frac{1}{9}$ $\frac{1}{99}$ $\frac{1}{999}$..., etc., correspondent respectivement aux fractions périodiques 0,1111.. 0,01 01 01.. 0,001 001 001.., etc. Ensuite, une fraction périodique pure 0,27 27 27... étant donnée, il l'écrit $27 \times (0,01\ 01\ 01\ldots)$, ce qui est la même chose, puisqu'en prenant de part et d'autre le même nombre de périodes, on a toujours le même résultat. Or, la fraction ordinaire susceptible de produire cette dernière, est évidemment, d'après la remarque posée d'abord, $27 \times \frac{1}{99}$ ou $\frac{27}{99}$, d'où la règle (n° 185).

au numérateur 99 fois 653, on le prend 100 fois moins 1 fois, ce qui donne

$$\frac{653 \cdot 100 - 653 + 27}{99000} \text{ ou enfin } \frac{65327 - 653}{99000}.$$

RÈGLE. — De là cette règle assez simple : *la fraction ordinaire génératrice d'une fraction périodique mixte a pour numérateur la différence des nombres entiers obtenus en portant la virgule successivement à droite et à gauche de la 1ʳᵉ période, et pour dénominateur un nombre composé d'autant de 9 qu'il y a de chiffres dans la période, suivis d'autant de zéros qu'il y a de chiffres irréguliers.*

SYSTÈME MÉTRIQUE.

187. DÉFINITION. — On appelle *Système métrique,* l'ensemble des unités légales adoptées en France pour la mesure des grandeurs usuelles.

Jusqu'à la fin du siècle dernier, chaque province de France avait ses unités particulières; elles variaient souvent d'un district à l'autre, de village à village; beaucoup d'unités avaient le même nom sans avoir la même valeur; elles se subdivisaient d'ailleurs, selon les lieux, d'après des règles diverses, incohérentes, arbitraires. Il en résultait une grande confusion, qui gênait les transactions commerciales, empêchait les relations sociales et industrielles de s'établir, de se resserrer comme il convient entre les parties d'une même nation et s'opposait aussi à l'instruction générale.

L'Assemblée constituante chargea, en 1790, l'Académie des Sciences d'établir un système uniforme d'unités. Dans une série de travaux scientifiques, de la précision la plus remarquable, les commissaires de l'Académie constituèrent un système qui, rendu obligatoire dès 1801, rencontra tant d'obstacles dans l'esprit d'habitude et de routine, qu'il fallut une loi nouvelle pour le mettre en vigueur. C'est depuis 1840 seulement qu'il est adopté exclusivement à tout autre en France, et l'on s'étonne aujourd'hui que, malgré ses avantages, il ait éprouvé tant de difficultés à s'introduire.

188. Le caractère essentiel de ce système, c'est que toutes les unités sont liées entre elles, et que toutes les subdivisions suivent la loi de la numération décimale. Pour en éterniser, autant que possible, la durée, on a pris la base du système dans un rapport déterminé et simple, avec les dimensions mêmes du globe que nous habitons, et l'on a employé, pour en établir une partie, la substance la plus répandue dans la nature, l'eau.

189. Les unités qui font partie du système métrique, sont celles de *longueur*, de *surface*, de *superficie*, de *solidité*, de *capacité*, de *poids*, de *monnaie*.

UNITÉS DE LONGUEUR.

190. L'unité principale de longueur est le *mètre*; c'est l'unité fondamentale du système. (1)

Si l'on n'employait que cette seule unité pour mesurer les longueurs, il en résulterait que les très-grandes longueurs seraient exprimées numériquement par de très-grands nombres, et les très-petites longueurs par de très-petites fractions, ce qui serait incommode. Il est plus raisonnable de proportionner toujours l'unité à la grandeur qu'on veut mesurer; aussi a-t-on imaginé des unités secondaires avec lesquelles on puisse remplir cette condition. Les unités *multiples* du mètre ont été choisies de 10 en 10 fois plus grandes, les unités *sous-multiples* de 10 en 10 fois plus petites; de sorte qu'elles dérivent les unes des autres, suivant la loi des unités de la numération décimale.

(1) On a pris le mètre égal à la dix-millionième partie de la longueur du méridien terrestre qui passe par Paris.

Il est indispensable, pour étudier avec fruit le système métrique, que le lecteur ait sous les yeux un mètre, et se familiarise avec cette longueur. Cette observation s'applique au litre, au gramme.

En voici le tableau :

$$
\left.
\begin{array}{l}
\textit{myriamètre} \text{ qui vaut } 10000 \text{ mètres.} \\
\textit{kilomètre} \quad\quad — \quad\quad 1000 \\
\textit{hectomètre} \quad\;\; — \quad\quad 100 \\
\textit{décamètre} \quad\;\; — \quad\quad\;\; 10
\end{array}
\right\} \text{UNITÉS MULTIPLES}
$$

UNITÉS MULTIPLES. . . .
{
myriamètre qui vaut 10000 mètres.
kilomètre — 1000
hectomètre — 100
décamètre — 10

UNITÉ PRINCIPALE. . . . . *mètre* — 1

UNITÉS SOUS-MULTIPLES.
{
décimètre qui vaut 0,1 de mètre.
centimètre — 0,01
millimètre — 0,001

Les préfixes, tirés du grec : *déca, hecto, kilo, myria,* étant affectés aux multiples, et les préfixes latins : *déci, centi, milli,* étant affectés aux sous-multiples.

Le mètre est employé pour mesurer les longueurs des étoffes, des maçonneries, des charpentes, etc.

Le décamètre pour les longueurs des champs, des jardins ; les trois autres multiples servent pour les mesures itinéraires.

Les sous-multiples servent dans la mesure des longueurs plus petites, comme celles de nos meubles, des pièces de nos machines, etc.

Puisque les unités secondaires dérivent les unes des autres suivant la loi décimale, si l'on écrit en chiffres un nombre de mètres, par ex. : $5382^m,46$, chaque chiffre représentera une des espèces d'unités auxiliaires ; ainsi, le 8 exprime des décamètres, le 3 des hectomètres, etc. Par conséquent, si l'on voulait exprimer la même longueur en changeant d'unité, en prenant par exemple l'hectomètre, on n'aurait qu'à reculer la virgule de deux rangs vers la gauche, $53^h,8246$; de même, en rapportant au décimètre, on aurait $53824^d,6$.

Observons toutefois que, bien que 52 centimètres soient équivalents à 0,52 de mètre, il n'est pas indifférent d'écrire 52^c ou $0,^m52$: la première écriture suppose que l'unité est le *centimètre* ; la deuxième, que l'unité est le *mètre* ; ce qui n'est pas du tout la même chose.

UNITÉS DE SURFACE.

191. L'unité principale est le *mètre carré*, c'est-à-dire un carré dont chaque côté a un mètre de long.

Les unités auxiliaires sont les carrés qui ont pour côtés les unités linéaires : *décamètre carré, hectomètre carré*, etc.; *décimètre carré, centimètre carré*. Le millimètre carré n'est pas usité.

Ces unités auxiliaires ne sont pas de 10 en 10 fois plus petites ou plus grandes l'une que l'autre comme les unités de longueur, mais bien de 100 en 100 fois. Pour nous en rendre compte, il suffit de concevoir un mètre carré ; partageons les côtés en 10 parties égales qui seront des décimètres, puis en menant des lignes droites par les points correspondants de division de deux côtés opposés, nous décomposerons le carré en 10 bandes rectangulaires de 1 mètre de long sur un décimètre de large

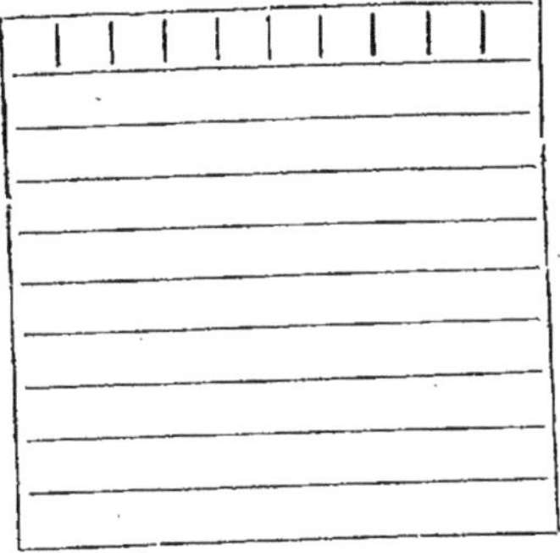

et chacune pourra être décomposée à son tour en 10 décimètres carrés, ce qui fera en tout 10 fois 10, ou 100 décimètres carrés. Le même raisonnement s'appliquerait évidemment à deux unités successives quelconques ; la loi énoncée est donc générale.

Il en résulte que si un nombre de mètres carrés est écrit en chiffres et qu'on veuille l'exprimer avec une autre unité, il faut se souvenir que les décamètres carrés sont au rang des centaines, les hectomètres carrés au rang des dixaines de mille…, les décimètres carrés au rang des centièmes, etc. Soit par exemple : 283$^{\text{m. car.}}$,594 à exprimer en décimètres carrés, on aura 28359$^{\text{d. car.}}$,4 ; si on voulait l'exprimer en centimètres carrés, on serait obligé d'écrire un zéro à droite afin d'avoir des dix-millièmes de mètre carré qui sont les centimètres carrés, on aurait 2835940 centimètres carrés.

UNITÉS DE SUPERFICIE.

192. Lorsqu'il s'agit de mesurer la superficie des terrains, on emploie le décamètre carré qui prend le nom d'*are* ; le seul multiple employé est l'*hectare* qui correspond à l'hectomètre carré, et le seul sous-multiple est le *centiare*, qui vaut un mètre carré.

UNITÉS DE SOLIDITÉ.

193. L'unité principale pour les solides est le mètre cube, c'est-à-dire un cube (1) dont l'arête a un mètre de long ; chaque face est un mètre carré.

Les unités auxiliaires sont les cubes dont les arêtes sont égales aux unités linéaires. On n'emploie guère que le *décimètre cube* et le *centimètre cube*, les multiples étant trop considérables, et

____

(1) On nomme *cube* (d'un mot grec qui signifie *dé à jouer*) un solide terminé par six carrés égaux, ayant la forme d'un *dé*.

le *millimètre cube* étant trop petit. Car ces unités sont de 1000 en 1000 fois plus petites les unes que les autres et non plus de 10 en 10 comme les unités linéaires ou de 100 en 100 comme les unités superficielles. On s'en rend bien compte, en imaginant une boîte cubique d'un mètre cube qu'on remplirait de décimètres cubes; il est clair qu'avec 100 décimètres cubes on couvrirait le fond de la boîte (**191**), puisque chaque face du décimètre cube est un décimètre carré ; ensuite, pour remplir la boîte, il est aisé de voir qu'il faut 10 couches pareilles, en tout 10 fois 100 ou mille décimètres cubes.

Il résulte de cette loi une conséquence analogue à celle que nous avons expliquée (**191**) relativement au changement d'unité dans un nombre de mètres cubes écrit en chiffres; il faut se souvenir ici que le décimètre cube est un millième de mètre cube, le centimètre cube un millionième de mètre cube.

Le mètre cube est usité pour évaluer les déblais, les remblais, les blocs de pierre, la contenance des bassins, des appartements, les travaux de maçonnerie, etc.

Les sous-multiples, surtout le centimètre cube, sont employés en physique pour évaluer les volumes des gaz, des liquides.

194. Quand on mesure le bois de chauffage, le mètre cube prend le nom de *stère*; il n'a pas de multiple ni de sous-multiple usité réellement.

Le stère tel qu'on l'emploie n'a pas toujours la forme cubique; ainsi, à Paris, la longueur des bûches est de 1^m,14, et par compensation, la hauteur des *montants* du stère n'est que de 88 centimètres, ce qui donne la même valeur.

UNITÉS DE CAPACITÉ.

195. L'unité principale pour la mesure des liquides, des graines... est le *litre* qui équivaut au décimètre cube. La forme en diffère, mais la contenance est la même.

Les multiples du litre sont le *décalitre*, l'*hectolitre*, le *kilolitre*; les sous-multiples sont le *décilitre* et le *centilitre*. Mêmes observations que pour le mètre relativement au changement d'unité.

196. Les vases que la loi prescrit pour ces mesures sont tous de forme cylindrique, ils sont en étain pour les liquides, vins, eaux-de-vie..., et leur hauteur est double du diamètre; la loi exige la série suivante : 2 *litres*, 1 *litre*, 5 *décilitres*, 2 *décilitres*, 1 *décilitre*, 5 *centilitres*, 2 *centilitres*, 1 *centilitre*.

On mesure le lait et l'huile dans des vases en ferblanc; la hauteur en égale le diamètre, et les séries sont les mêmes que la précédente, finissant toutefois, pour le lait, au demi-décilitre et commençant, pour l'huile, au litre seulement.

Les matières sèches se mesurent dans des vases en bois de chêne d'une hauteur égale au diamètre; voici la série : *demi-hectolitre, double-décalitre, décalitre, demi-décalitre, double-litre, litre, demi-litre, double décilitre, décilitre, demi-décilitre.*

Enfin, on tolère des vases en tôle ou en cuivre étamé de même forme que ceux en bois et dont la série finit au *demi-décalitre.*

UNITÉS DE POIDS.

197. L'unité principale de poids est le *gramme*; c'est le poids d'un centimètre cube d'eau pure prise à la température de 4 degrés environ du thermomètre centigrade. (1)

(1) On a pris de l'eau vers 4 degrés, parce que c'est vers cette température qu'elle possède la plus grande densité possible. L'expérience a appris que, soit qu'on l'échauffe, soit qu'on la refroidise à partir de cette température, elle se dilate, et par conséquent, sa densité diminue.

Les unités multiples du gramme sont le *décagramme*, l'*hec-togramme*, le *kilogramme*, le *myriagramme* dont les noms indiquent suffisamment la valeur ; de plus, le *quintal métrique*, qui vaut 10 myriagrammes ou 100 kilogrammes et le *tonneau de mer*, qui vaut 10 quintaux ou 100 myriagrammes ou 1000 kilogrammes.

Les unités sous-multiples sont le *décigramme*, le *centigramme*, le *milligramme*.

D'après cela, un litre d'eau pure à 4 degrés centigrades pèse un kilogramme, et le tonneau de mer est le poids d'un mètre cube de cette même eau..

Même observation encore relativement au changement d'unité que pour le mètre.

198. Les poids usités dans le commerce sont en fonte de fer ou en laiton ; pour la facilité des pesées la loi autorise l'emploi du double et de la moitié de chaque unité, comme cela a lieu du reste pour tout le système métrique.

On emploie des *gros poids*, des *poids moyens* et des *petits poids*.

La série des premiers commence à 50 kilogrammes et finit au kilogramme.

La 2e série commence au kilogramme et finit au gramme.

La 3e commence au gramme et finit au milligramme.

La forme et les dimensions de tous ces poids sont déterminées, et tous portent une inscription indiquant leur valeur.

UNITÉS MONÉTAIRES.

199. L'unité principale de monnaie est le *franc* ; c'est une pièce de monnaie pesant 5 grammes, composée d'argent et de cuivre dans la proportion de $\frac{9}{10}$ de son poids d'argent et de $\frac{1}{10}$ de cuivre. (1) Cet alliage est plus dur que l'argent seul.

Il n'y a pas de multiple du franc qui soit usité, les seuls sous-multiples sont le *décime* ou dixième de franc et le *centime* ou centième de franc.

Les monnaies légales sont de trois espèces : en or, en argent, ou en bronze. Voici les valeurs et les poids de ces pièces :

MONNAIE D'OR. A poids égal, sa valeur égale celle de la monnaie d'argent multipliée par 15,5.	La pièce de 40 fr. pèse environ	12^{gr},903
	— 20 —	6 ,452
	— 10 —	3 ,226
	— 5 —	1 ,613
MONNAIE D'ARGENT.	La pièce de 5 fr. pèse	25^{gr}.
	— 2 —	10
	— 1 —	5
	— $\frac{1}{2}$ (50 centimes)	2,5
	— $\frac{1}{5}$ (20 centimes)	1
MONNAIE DE BRONZE.	La pièce de 10 centimes pèse	10
	— 5 —	5
	— 2 —	2
	— 1 —	1

Les diamètres des pièces de bronze sont 30, 25, 20 et 15 millimètres et peuvent servir à composer un mètre rapidement quand on n'en a pas un sous la main.

Des pièces d'argent et de bronze peuvent aussi remplacer dans l'occasion des poids, ce qui est un avantage précieux.

La difficulté qu'il y a de faire des pesées exactes a conduit à admettre dans la circulation des pièces qui n'ont pas tout-à-fait

(1) On dit encore que la monnaie d'argent est *au titre de* 0,9 ou de 0,900 ; on entend par titre d'un alliage par rapport à l'un des métaux qui y entrent, le quotient de la quantité de ce métal qui se trouve dans un poids donné de l'alliage divisé par le poids total. Le titre des monnaies d'or est aussi 0,900.

le poids légal. La différence ou *tolérance* en plus ou en moins ne doit pas dépasser 0,002 du poids de la pièce pour la monnaie d'or, 0,003 pour celle d'argent.

Il y a en outre une tolérance sur le titre qui ne dépasse pas 0,002 pour les deux espèces de monnaie.

200. Tel est le système métrique. Nous engageons le lecteur à s'exercer beaucoup à établir les relations de toutes ces unités entre elles ; par exemple à comparer les multiples du mètre carré à l'are, à ses sous-multiples ; les unités auxiliaires du mètre cube à celles du litre ; à calculer les poids d'un volume donné d'eau, d'une somme donnée d'argent, de bronze ; à s'exercer à juger à l'œil des distances comparées au mètre, à la main d'un poids comparé au kilogramme ; il faut être assez familiarisé avec ces unités pour ne plus se tromper d'un dixième dans une évaluation, pour tracer par exemple sur le tableau une ligne dont la longueur est donnée, sans se tromper d'un dixième.

CONVERSION DES ANCIENNES MESURES EN NOUVELLES.

201. Bien que les anciennes unités ne soient plus en usage, il est néanmoins indispensable de connaître le système légal qui était usité avant le système actuel et le rapport de ces anciennes unités aux nouvelles ; beaucoup d'ouvrages utiles traitant des sciences et des arts ont été écrits avant l'établissement du système métrique ; et il faut pouvoir convertir les nombres qu'on y trouve exprimés avec les unités anciennes en des nombres équivalents d'unités actuelles. C'est de ces relations et de cette conversion que nous allons nous occuper.

Voici d'abord un tableau résumé des noms et des valeurs relatives des unités anciennes.

Unités de longueur. — L'unité principale était la *toise* qu'on subdivisait en 6 *pieds*, le pied en 12 *pouces*, le pouce en 12 *lignes* et la ligne en 12 *points*.

L'unité pour les mesures itinéraires était la *lieue*; il y avait des lieues de trois sortes :

1° *Lieue de France, de 25 au degré* (1) qui valait 2280 toises 2 pieds.

2° *Lieue marine*, de 20 au degré, qui valait 2850 toises 2 pieds $\frac{1}{2}$.

3° *Lieue de poste*, qui valait 2000 toises.

Les étoffes se mesuraient à *l'aune* qui valait 3 pieds 7 pouces 10 lignes 10 points.

Unités de surface. — Les surfaces de peu d'étendue s'évaluaient en toises carrées, pieds carrés, pouces carrés, etc.

Il est aisé de voir que la toise carrée valait 6 × 6 ou 36 pieds carrés, le pied carré 12 × 12 ou 144 pouces carrés, le pouce carré 144 lignes carrées.

Les surfaces très-étendues s'évaluaient en *lieues carrées* valant environ 2280² ou 5198400 toises carrées.

Les unités pour les mesures agraires les plus usitées étaient :

La *perche* des eaux-et-forêts de 22 pieds de côté ou de 484 pieds carrés ;

L'*arpent* des eaux-et-forêts de 100 perches de 22 pieds ou de 48400 pieds carrés ;

La perche de Paris de 18 pieds de côté, contenant par conséquent 324 pieds carrés ;

L'arpent de Paris de 100 perches de 18 pieds, contenant

---

(1) Cette expression signifie que dans un *degré* c'est-à-dire dans la 360° partie de la circonférence d'un méridien terrestre, il y a 25 de ces lieues. Or les mesures du méridien terrestre ont conduit à admettre que la longueur du quart de ce méridien était de 5130740 toises; il est aisé de déduire de là les valeurs ci-dessus. Ce nombre 5130740 a été reconnu un peu trop faible.

UNITÉS DE SOLIDITÉ. — C'était la toise cube qui valait 6^3 ou 216 pieds cubes; le pied cube qui valait 12^3 ou 1728 pouces cubes....

UNITÉS DE CAPACITÉ. — Pour les matières sèches, le *setier* valait 12 *boisseaux*, le boisseau 16 *litrons*.

Pour les liquides, le *muid* valait 288 *pintes*.

Pour les bois de chauffage on employait la *corde*; pour les bois de charpente, la *solive*.

UNITÉS DE POIDS. — L'unité principale était la *livre* qui valait 16 *onces*, l'once 8 *gros*, le gros 72 *grains*. La livre poids s'indiquait par le signe ℔

Les orfèvres employaient le *marc* qui était moitié de la livre, le *scrupule* qui valait 24 grains.

Le *quintal* valait 100 livres et le *tonneau* 2000.

UNITÉS MONÉTAIRES. — Enfin, l'unité principale de monnaie était la *livre tournois* qui valait 20 *sous* ; le sou valait 4 *liards* ou 12 *deniers*.

Ceci posé, nous allons expliquer en détail comment on convertit un nombre donné de toises, pieds, pouces en mètres; puis nous donnerons des tables indiquant les relations entre les unités anciennes et les nouvelles, au moyen desquelles on pourra faire les mêmes conversions sur chaque espèce d'unité, quand il y aura lieu.

202. RAPPORT DE L'ANCIENNE TOISE DE 6 PIEDS AU MÈTRE. — La mesure du méridien terrestre a donné pour la longueur du $\frac{1}{4}$ de ce méridien 5130740 toises, dont la dix-millonième partie est $0^t,5130740$; (1) donc le rapport de la toise au mètre est celui de 1 à 0,513074 ou $\dfrac{1}{0,513074}$ ou bien 1,9490365912, environ 1,94904.

Puisqu'une toise vaut $1^m,94904$, on aura le nombre de mètres

(1) Ce qui équivaut à 3 pieds 11 lignes 296 millièmes.

équivalent à un nombre donné de toises, pieds, pouces, lignes, en multipliant 1,94904 par ce nombre.

Proposons-nous par exemple de convertir en mètres 25 toises 4 pieds 8 pouces 6 lignes. On peut procéder de deux manières pour faire la multiplication. Ou bien on réduira 25 t. 4 pi. 8 po. 6 l. en lignes, ce qui fait 22278 lignes, et comme la toise vaut 864 lignes, il faut multiplier le nombre constant 1,94904 par $\frac{22278}{864}$; l'opération donne en s'arrêtant aux millièmes 50,^{m}255.

Ou bien on emploiera la méthode dite des *parties-aliquotes* dont voici le détail :

$$1.94904$$
$$25\text{t} 4^{pi} 8^{po} 6^{lignes}$$

	9,74520
	38,9808
pour 3 ^{pi}.....	0,9745
pour 1	0,3248
pour 6 ^{po}....	0,1624
pour 2	0,0541
pour 6 ^{lignes} ..	0,0135
	50,2553

On multiplie d'abord par 25 comme à l'ordinaire, puis on partage 4 pieds en 3 pieds qui est la $\frac{1}{2}$ (une partie aliquote) de la toise et 1 pied qui est le $\frac{1}{3}$ de 3 ; 3 pieds étant la $\frac{1}{2}$ de la toise vaudront la $\frac{1}{2}$ de 1,94904, on calcule cette $\frac{1}{2}$ et l'on écrit pour 3 pieds... 0,9745. Puis, pour 1 pied on a le $\frac{1}{3}$ de 0,9745 ou 0,3248 qu'on écrit. De même on partage 8 pouces en 6 et 2 afin de prendre la $\frac{1}{2}$ de la valeur d'1 pied ou 0,1624, puis le $\frac{1}{3}$ de ce nombre ou 0,0541, il ne reste plus que 6 lignes, le $\frac{1}{4}$ de 2 pouces qui valent 0,0135 ; puis on additionne tous ces nombres et l'on trouve 50^m,255 comme par l'autre méthode.

La 2e méthode est ordinairement plus expéditive que la première.

Enfin, il existe un moyen encore plus commode, c'est de se servir de tables calculées à l'avance et contenant les valeurs en mètres de 1, 2, 3.... 10 toises, de 1, 2, 3.... 10 pieds, de 1, 2, 3.... 10 pouces, de 1, 2. 3. ... 10 lignes, comme celles ci-dessous.

On y trouve successivement en s'arrêtant à la 4ᵉ décimale :

$$
\begin{aligned}
20 \text{ toises} &= 38{,}9807 \\
5 \;\; — &= 9{,}7452 \\
4 \text{ pieds} &= 1{,}2994 \\
8 \text{ pouces} &= 0{,}2166 \\
6 \text{ lignes} &= 0{,}0135 \\
\hline
\text{en tout}\ldots\ldots\ldots\ldots &\;\; 50{,}2554
\end{aligned}
$$

ou 50ᵐ,255 en s'arrêtant à la 3ᵉ décimale.

Quelle que soit l'espèce des unités anciennes que l'on ait à convertir en nouvelles, on procèdera de même, soit en employant les tables de conversion, soit en employant seulement le rapport de l'unité principale ancienne à la nouvelle correspondante (ce rapport est le 1ᵉʳ nombre de chaque colonne de la table), et en réduisant tout en unités de la plus petite espèce ou mieux en se servant de la méthode des parties aliquotes. De toute façon on ne peut éprouver d'embarras.

TABLES DE RÉDUCTION D'ANCIENNES MESURES EN NOUVELLES.

N.	TOISES en mètres.	PIEDS en mètres.	POUCES en mètres.	LIGNES en mètres.	AUNES en mètres.
1	1,94904	0,32484	0,027070	0,002256	1,18845
2	3,89807	0,64968	0,054140	0,004512	2,37689
3	5,84711	0,97452	0,081210	0,006768	3,56534
4	7,79615	1,29936	0,108280	0,009024	4,75378
5	9,74519	1,62420	0,135350	0,011280	5,94223
6	11,69422	1,94904	0,162419	0,013536	7,13068
7	13,64326	2,27388	0,189489	0,015792	8,31912
8	15,59230	2,59872	0,216559	0,018048	9,50757
9	17,54133	2,92356	0,243629	0,020304	10,69601
10	19,49037	3,24840	0,270699	0,022560	11,88446

N.	TOISES CARR. en mèt. carrés.	PIEDS CARR. en mèt. carrés.	POUCES CARR. en mèt. carrés.	Arp. Eaux et For. en hect. Ou perches carrées en ares.	Arp. da Paris en hect. Ou perches carrées en ares.
1	3,798744	0,105521	0,00073728	0,510720	0,341887
2	7,597487	0,211041	0,00146556	1,021440	0,683774
3	11,396231	0,316562	0,00219834	1,532160	1,025661
4	15,194975	0,422083	0,00293112	2,042880	1,367548
5	18,993718	0,527604	0,00366390	2,553600	1,709435
6	22,792462	0,633124	0,00439668	3,064320	2,051322
7	26,591205	0,738645	0,00512946	3,575040	2,393209
8	30,389949	0,844166	0,00586224	4,085760	2,735096
9	34,188693	0,949686	0,00659502	4,596480	3,076983
10	37,987436	1,055207	0,00732780	5,107200	3,418870

N.	TOISES CUBES en mèt. cubes.	PIEDS CUBES en mèt. cubes.	POUCES CUB. en mèt. cubes.	CORDES des Eaux et Forêts en stères.	SOLIVES en mèt. cubes.
1	7,40389	0,0342773	0,000019836	3,8391	0,10283
2	14,80778	0,0685545	0,000039673	7,6781	0,20566
3	22,21167	0,1028318	0,000059509	11,5172	0,30850
4	29,61556	0,1371090	0,000079346	15,3562	0,41133
5	37,01945	0,1713863	0,000099182	19,1953	0,51416
6	44,42334	0,2056636	0,000119018	23,0343	0,61699
7	51,82723	0,2399408	0,000138855	26,8734	0,71982
8	59,23112	0,2742181	0,000158691	30,7124	0,82265
9	66,63501	0,3084953	0,000178528	34,5515	0,92549
10	74,03890	0,3427726	0,000198364	38,3905	1,02832

N.	PINTES de Paris en litres.	MUIDS de Paris en hectolitr.	SETIERS de Blé de Paris eu hectolitr.	BOISSEAUX en litres.	LITRONS en litres.
1	0,9313	2,6822	1,5610	13,008	0,8130
2	1,8626	5,3644	3,1220	26,017	1,6260
3	2,7940	8,0466	4,6830	39,025	2,4391
4	3,7253	10,7288	6,2440	52,033	3,2521
5	4,6566	13,4110	7,8050	65,042	4,0651
6	5,5879	16,0932	9,3660	78,050	4,8781
7	6,5192	18,7754	10,9270	91,058	5,6911
8	7,4506	21,4576	12,4880	104,066	6,5042
9	8,3819	24,1398	14,0490	117,075	7,3172
10	9,3132	26,8220	15,6100	130,083	8,1302

N.	LIVRES en kilogramm.	ONCES en grammes.	GROS en grammes.	GRAINS en grammes.	QUINTAUX en myriagram.
1	0,48951	30,59	3,824	0,0531	4,8951
2	0,97901	61,19	7,648	0,1062	9,7901
3	1,46852	91,78	11,472	0,1593	14,6852
4	1,95802	122,38	15,296	0,2124	19,5802
5	2,44753	152,97	19,120	0,2655	24,4753
6	2,93704	183,56	22,944	0,3186	29,3704
7	3,42654	214,16	26,768	0,3717	34,2654
8	3,91605	244,75	30,592	0,4248	39,1605
9	4,40555	275,35	34,416	0,4779	44,0555
10	4,89506	305,94	38,240	0,5310	48,9506

203. Il est inutile de présenter un tableau de réduction pour les monnaies. On sait que 81 livres valent 80 francs ; par conséquent, pour réduire une somme de livres tournois en francs, il suffit de multiplier $\frac{80}{81}$, ou 0,98765 de franc par ce nombre. Le sou est d'ailleurs regardé comme équivalent à 5 centimes, ce qui est suffisamment approché pour l'usage ordinaire.

La conversion des unités étrangères en unités du système métrique se fait absolument comme celle des anciennes mesures en nouvelles ; il suffit de connaître les relations qui existent entre les unités fondamentales et la loi des unités auxiliaires. On trouve ces éléments dans l'Annuaire que publie chaque année le bureau des longitudes.

204. Comme applications, il est utile de chercher à exprimer en mètres la lieue de France, la lieue marine, la lieue de poste ; ce sont des nombres qu'il faut savoir. On les calculera d'abord d'après leur valeur en toises (**201**), puis, comme vérification, d'après la longueur du méridien en mètres. On fera bien de calculer même leur valeur en toises, d'après la longueur du méridien en toises (**201**, note) ; on calculera aussi en toises et en mètres la valeur du *mille* marin de 60 au degré ; c'est-à-dire qui vaut un 60e de degré ou une *minute*.

PUISSANCES ET RACINES DES NOMBRES.

PUISSANCES.

205. Définition, Notation. — On appelle *puissance d'un nombre*, *le produit de plusieurs facteurs égaux à ce nombre*.

Le *degré* de la puissance est le nombre de ces facteurs égaux qui la composent. Ainsi $4 \times 4 \times 4$ est la 3e puissance de 4; 3 est le degré de la puissance. On l'indique par un exposant qui renferme autant d'unités que lui 4^3. Cette notation nous est déjà connue (**87**).

RACINES.

206. Définition, Notation. — Inversement on appelle *racine* 2e, 3e, 4e.... *d'un nombre*, *un autre nombre dont la* 2e, 3e, 4e.... *puissance reproduise le premier*. Le nombre 2, 3, 4.... est l'*indice* de la racine.

On indique une racine par ce signe $\sqrt{\ }$; entre les branches du $\sqrt{\ }$ on met l'indice, et sous le $\overline{\ \ \ \ }$ on écrit le nombre; par exemple, la racine 3e de 64, s'écrit $\sqrt[3]{64}$.

207. La première puissance d'un nombre, c'est le nombre lui-même. On l'indique avec ou sans l'exposant 1; ainsi 4^1 est la même chose que 4.

CARRÉS.

208. La 2e puissance d'un nombre a reçu le nom de *carré*. Il existe entre les nombres carrés et les figures de géométrie du même nom, une relation qu'il nous importe de faire connaître. Concevons une figure de ce genre et supposons la longueur de son côté évaluée en mètres; soit 5 mètres. Une décomposition semblable à celle qu'on a faite à propos des unités de superficie du système métrique, montre que la superficie de ce carré a pour mesure 5×5, ou 5^2, ou 25 mètres carrés.

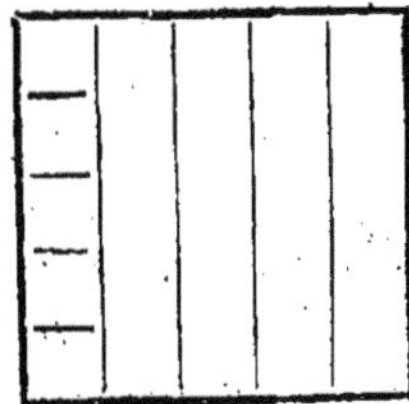

Ainsi, quand un nombre 5 est la mesure en mètres du côté d'un carré, la deuxième puissance de 5, ou 5^2, est la mesure en mètres carrés de la surface de ce carré.

Observons en passant que si un nombre 25 est la mesure, en mètres carrés, de la surface d'un carré; la mesure en mètres, du côté du carré, sera un nombre dont le carré soit 25, ou la *racine carrée* de 25.

209. FORMATION DES CARRÉS DES NOMBRES ENTIERS. — Il n'y a pas de manière plus simple pour former le carré d'un nombre, que de le multiplier par lui-même.

Voici la série des carrés des 9 premiers nombres, qu'il est bon de savoir par cœur.

Nombres...	1	2	3	4	5	6	7	8	9
Carrés.....	1	4	9	16	25	36	49	64	81

On pourrait prolonger la serie indéfiniment, et l'on aurait une table de *carrés parfaits*. On désigne sous ce nom les carrés des nombres entiers.

210. Il importe de connaître la composition du carré d'un nombre considéré comme une *somme* de deux parties. Pour la trouver, soit le nombre $9 = 5 + 4$, son carré sera

$$(5 + 4) \times (5 + 4) = 5.5 + 4.5 + 5.4 + 4.4 \text{ ou bien}$$
$$= 5^2 + 4.5 + 5.4 + 4^2$$

et comme les deux produits 4.5 et 5.4 sont égaux, au lieu de leur somme, on peut prendre 2 fois l'un ; ce qui donne :

$$5^2 + 2.5.4 + 4^2$$

c'est-à-dire, en généralisant, *que le carré d'un nombre de deux parties se compose du carré de la* 1re, *de deux fois le produit de la* 1re *pour la* 2de, *et du carré de la seconde.*

En particulier, *si un nombre a des dixaines et des unités, son carré se composera du carré des dixaines, du double produit des dixaines par les unités, et du carré des unités.*

211. Différences des carrés parfaits consécutifs. — Cela posé, considérons la série des carrés parfaits consécutifs, à partir de 1, les différences de ces carrés, pris consécutivement deux à deux, sont les nombres impairs 3, 5, 7, 9, 11, etc. Cette loi remarquable se continue-t-elle aussi loin qu'on voudra ? Pour nous en rendre compte, observons que de deux nombres entiers consécutifs, le plus grand se composera du plus petit augmenté de 1 ; son carré est donc (**210**) composé du carré de celui-ci, plus 2 fois ce nombre, plus 1.

En d'autres termes, *la différence des carrés de deux nombres consécutifs égale le double du plus petit nombre, plus 1.*

C'est un nombre impair.

D'après cela, soient les nombres quelconques consécutifs 23, 24, 25, la différence entre le carré de 24 et celui de 23 est $(2 . 23 + 1)$; celle entre le carré de 25 et celui de 24 est $(2 . 24 + 1) = 2 . 23 + 2 + 1$; elle surpasse donc l'autre de 2 unités.

Donc *la différence de deux carrés parfaits consécutifs est un nombre impair, et les différences successives vont en augmentant de deux unités. Elles forment donc la série naturelle des nombres impairs, comme on l'avait vérifié sur les 1res de ces différences.* Ceci peut servir à calculer vite le carré d'un nombre, lorsqu'on connait le carré d'un nombre qui n'en diffère que d'une ou deux unités.

On utiliserait aussi cette remarque, si l'on avait à faire le calcul des carrés des nombres consécutifs compris entre des limites données; par exemple : 1 et 10000. Le tableau que voici indique comment on procéderait.

NOMBRES.	CARRÉS.	DIFFÉRENCE des Carrés.	DIFFÉRENCES des Différences.
1	1		
		3	
2	4		2
		5	
3	9		2
		7	
4	16		2
		9	
5	25		2
		11	
6	36		

Les nombres naturels étant écrits dans une première colonne, on écrirait dans une 2e, le carré de 1, ceux de 2, de 3, calculés

directement ; dans une 3ᵉ, les différences 3 et 5 de ces carrés ;
puis, dans la 4ᵉ, la différence constante 2 de ces différences,
qu'on répèterait indéfiniment. En l'ajoutant successivement aux
nombres de la 3ᵉ colonne, on aurait 7, 9... tous les nombres
de cette colonne, et en les ajoutant respectivement aux carrés
correspondants inscrits dans la 2ᵉ colonne, on aurait tous ces
carrés par addition : 4 et 5   9 et 7   16 et 9   25 et 11   36...

212. CARRÉ D'UNE FRACTION. — On élève une fraction au
carré en la multipliant par elle-même ; ce qui revient à carrer
les deux termes.

Ainsi $\left(\frac{5}{7}\right)^2 = \frac{5}{7} \cdot \frac{5}{7} = \frac{5^2}{7^2} = \frac{25}{49}$.

Si la fraction dont on fait le carré est irréductible, il en sera
de même de son carré. Parce que chaque terme de la fraction
carré ne contenant pas d'autres facteurs 1ᵉʳˢ que ceux du
terme correspondant de la fraction primitive, ces termes seront
aussi premiers entre eux.

213. RACINE CARRÉE. NOTATION. — La racine 2ᵉ d'un carré
prend le nom de *racine carrée; c'est un nombre dont le carré
égale le carré proposé.*

On l'indique par le signe des racines $\sqrt{}$, seulement on
se dispense habituellement d'écrire l'indice entre les branches
du $\sqrt{}$. Ainsi la racine carrée de 25 s'écrit $\sqrt[2]{25}$, ou simplement $\sqrt{25}$.

214. RACINE CARRÉE DES NOMBRES ENTIERS. — Occupons-
nous d'abord de la racine carrée des nombres entiers.

Soit d'abord un nombre < 100. Si c'est un carré parfait
comme 36, on trouvera sa racine en regardant la table des
carrés des 9 premiers nombres : c'est 6. Si c'est un nombre
non carré parfait, comme 42, on trouvera la racine 6 du plus
grand carré parfait 36 contenu dans 42.

Soit actuellement un nombre > 100, dont on veut extraire

la racine carrée ; supposons le carré parfait ; par exemple 1444, ce nombre étant $>$ 100 aura plus d'un chiffre à sa racine ; on peut donc la considérér comme composée de dixaines et d'unités. Alors le nombre proposé qui en est supposé le carré, contient le carré des dixaines de la racine cherchée, le double produit de ses dixaines par ses unités et le carré des unités. Or, le carré des dixaines ne peut se trouver que dans les 14 centaines du nombre proposé ; et s'il était seul, il est manifeste qu'en extrayant la racine de 14, on aurait pour résultat le nombre des dixaines de la racine cherchée.

Il est vrai qu'il peut s'y trouver avec lui des centaines venant des autres parties du carré. Néanmoins la $\sqrt{}$ du plus grand carré contenu dans ces 14 centaines, est *exactement* le nombre de dixaines de la racine cherchée ; car, d'une part, les 14 centaines pouvant contenir plus que le carré des dixaines, il n'est pas à craindre que la racine de 14 soit inférieure à ce nombre de dixaines. D'un autre côté, il serait contradictoire que la racine de 1400 renfermât plus de dixaines que celle du nombre 1444 tout entier. Donc, comme nous le disions, on aura les dixaines de la racine en extrayant la racine du plus grand carré contenu dans 14 centaines. Or, 14 n'ayant pas plus de deux chiffres se trouve dans le cas précédent ; le plus grand carré qu'il contient est 9, dont la racine est 3. Ainsi, les dixaines de la racine cherchée sont représentées par 3. Retranchons-en le carré 900 du nombre proposé, le reste 544 ne contient plus que les deux dernières parties du carré de la racine ; savoir, le double produit des dixaines trouvées par les unités et le carré des unités ; or, la première partie ne peut se trouver que dans les 54 dixaines du reste. Si elle y était seule, en divisant 54 par le double 6 des dixaines, on aurait au quotient les unités. Mais avec elle, il peut y avoir des dixaines venant de la partie précédente, de sorte qu'on peut craindre d'avoir au quotient un nombre plus grand que celui des unités cherchées ; il faudra donc le vérifier.

Ici le quotient de 54 par 6 donne 9 ; pour le vérifier, il suffit d'effectuer le double produit des dixaines 30 par 9 et le carré de 9, et d'essayer de soustraire le tout du reste 544 ; on effectue commodément ces produits ensemble, en écrivant le chiffre essayé 9 à la droite du double de la racine déjà trouvée, de la sorte : 69, et multipliant tout par 9, on trouve 631, qui est $>$ 544 ; ainsi 9 est trop grand. Diminuons-le d'une unité, et essayons 8 de la même manière. 68 $\times$ 8 donne 544 qui, soustrait du reste précédent, donne 0 pour reste ; donc 8 est le chiffre des unités de la racine. Ainsi cette racine est 38.

On s'en assure d'ailleurs après coup, en observant que l'on a soustrait successivement de 1444 le carré des dixaines de 38, le double produit des dixaines par les unités et le carré des unités, c'est-à-dire le carré même de 38, et qu'il n'est rien resté ; donc 1444 est bien le carré de 38, et par conséquent 38 la racine carrée de 1444.

Voici la disposition de l'opération.

```
Nombre donné...    1444|3
1er reste........   544|68 double de la 1re partie 30 de la
2e reste.........     0|       racine avec le chiffre essayé 8.
```

215. Si le nombre donné n'était pas un carré parfait, soit par exemple : 1474 ; en répétant sur lui le même raisonnement que sur 1444, et effectuant la même série d'opérations, on serait à la fin averti, par la présence du reste final 30, que le nombre proposé n'est pas un carré parfait. Mais alors on aurait trouvé la racine du plus grand carré qu'il contient, avec son excès 30 sur ce carré. Car on a pu en retrancher $(38)^2$ et non $(39)^2$.

216. Soit maintenant un nombre de 6 chiffres au plus, que nous supposons carré parfait : 147456. En raisonnant sur lui comme on a fait sur le nombre 1444 du cas précédent, nous serons conduits, pour avoir les dixaines de la racine, à chercher la racine du plus grand carré que contiennent 1474 centaines. Or, nous avons appris à effectuer cette dernière opération ; elle a donné pour racine 38 et pour reste 30.

Ainsi, déjà les dixaines de notre racine sont 38 et il reste 3056 ; pour trouver les unités, nous serions encore conduits, comme précédemment, à diviser les 305 dixaines de ce reste par le double 76 de la même racine 38 déjà obtenue, et à vérifier, de la même manière, le quotient trouvé 4 ; la soustraction se faisant sans reste, 4 est bon et la racine cherchée est 384.

217. On conçoit, sans qu'il soit utile de prendre d'autres exemples, que la racine d'un nombre qui n'aurait pas plus de 8 chiffres se ramènerait à la recherche de celle d'un nombre de 6, puis de 4, puis de 2 chiffres, et qu'on procèderait d'une manière analogue, quel que soit le nombre des chiffres du nombre proposé. En résumant ce qui a été expliqué sur les précédents exemples, pour les généraliser, on est conduit à cette règle assez simple.

RÈGLE. — *Pour extraire la racine carrée d'un nombre entier, on le partage en tranches de deux chiffres à partir de la droite, la dernière pouvant n'avoir qu'un chiffre ; on cherche le plus grand carré parfait contenu dans la 1ʳᵉ tranche à gauche, on l'en soustrait, et l'on écrit la différence au-dessous ; puis on écrit la racine de ce premier carré à droite du nombre proposé, dont on la sépare par une barre verticale ; on fait le double de cette partie de la racine obtenue et on l'écrit au-dessous. Ensuite, abaissant à droite du reste de la 1ʳᵉ tranche les deux chiffres de la 2ᵉ tranche, on obtient un nouveau reste dont on divise les dixaines par le double de la racine déja obtenue. Le quotient peut être le chiffre suivant de la racine ou un nombre plus grand que lui. Pour le vérifier, on l'écrit à la droite du double de la racine, et l'on multiplie par lui le nombre ainsi obtenu.*

Si le produit peut être retranché du reste, le chiffre est bon ; sinon, on le diminue d'une unité, et on l'essaie de nouveau jusqu'à ce que la soustraction du produit en question soit pos-

sible; alors on écrit le chiffre reconnu bon à la droite de la partie déjà obtenue à la racine, et abaissant à la droite du reste la tranche suivante du nombre proposé, on obtient un nouveau reste qu'on traite d'après la même règle que le précédent, et ainsi de suite, jusqu'à ce qu'on ait épuisé tous les chiffres du nombre proposé.

Il est clair qu'on obtient à la racine autant de chiffres qu'il y a de tranches de deux chiffres dans le nombre donné.

Il est possible qu'une des divisions qu'on effectue donne pour quotient 0, ou qu'aucun chiffre significatif ne convienne; cela prouve que la racine ne renferme pas d'unites de cet ordre; on y met donc un zéro pour en tenir la place, et abaissant la tranche suivante du nombre donné, on continue comme à l'ordinaire.

218. Nous avons raisonné, dans ce qui précède, comme si le nombre proposé était un carré parfait; s'il n'en est pas ainsi, on en sera averti par le résultat; et, dans ce cas, bien que le raisonnement précédent ne soit pas en tout applicable, on aura du moins trouvé la racine du plus grand carré que contienne le nombre proposé, puisqu'en suivant ponctuellement la règle on aura soustrait, du nombre proposé, le carré du nombre trouvé pour racine, et que, de plus, on sera sûr que le carré du nombre qui lui serait supérieur d'une unité ne pourrait en être retranché.

219. C'est là tout ce qu'on peut se demander, si ce nombre représente des unités indivisibles. (1) Mais s'il représente une grandeur continue, il en est souvent autrement.

(1) Pour exemple, soit cette question : faire un quinconce *carré* avec 16 *pieds d'arbres; combien de pieds à chaque côté? Il suffit de 4 pieds;* 4 *étant la* $\sqrt{16}$. *En faire un avec* 19 *pieds : c'est impossible exactement. Tout ce qu'on peut faire, c'est d'y mettre* 16 *pieds; chaque côté en contiendra* 4, *et il y aura* 3 *arbres de reste.*

Pour fixer les idées, concevons que le nombre 12, qui n'est pas carré parfait, représente le nombre de mètres carrés que contient la surface d'un carré géométrique. Le nombre de mètres que mesure le côté est tel, qu'élevé au carré il reproduise 12; c'est-à-dire qu'il est la racine carrée de 12 (**208**). Or, 12 n'étant pas carré parfait, n'a pas de racine entière; il n'en a pas non plus de fractionnaire. Car une fraction quelconque peut être supposée irréductible, et son carré, étant irréductible comme elle (**212**), ne peut être un nombre entier 12.

D'où nous concluons deux choses.

1º *Que 12, et tous les nombres entiers non carrés parfaits, n'ont ni racine entière, ni racine fractionnaire.*

2º *Que le côté du carré en question ne peut d'aucune manière être exprimé exactement ni en mètres ni en fractions de mètre quelle qu'elle soit.* Ce qu'on exprime en disant que cette longueur est *incommensurable avec le mètre,* ou bien que cette longueur et le mètre sont *incommensurables.*

220. Il faut pourtant mesurer cette longueur avec une approximation suffisante, et l'on y arrive sans beaucoup de difficulté. En effet, 12 étant compris entre les deux carrés parfaits 9 et 16, le nombre de mètres du côté en question le sera entre 3 et 4, racines de ces nombres, et en prenant 3 mètres ou 4 mètres pour la mesure du côté, nous ne nous trompons pas d'un mètre.

Si nous voulons une erreur moindre qu'un décimètre, remarquons que 12 mètres carrés valent 1200 décimètres carrés; or, en extrayant la $\sqrt{\ }$ du plus grand carré contenu dans 1200 (**217**), on reconnaît que 1200 est compris entre le carré de 34 et celui de 35. Donc, le nombre de décimètres que contient le côté est compris entre 34 et 35; en prenant pour sa mesure l'un ou l'autre de ces nombres, nous ne nous trompons pas d'un décimètre.

Semblablement, si l'on prend pour unité successivement le centimètre, le millimètre, le 10ᵉ de millimètre..., etc., un raisonnement et un calcul analogue [conduiront à reconnaître que la longueur du côté est comprise en 346 cm et 347cm, entre 3464mm et 3465mm, entre 34640 et 34641 dixièmes de millimètre...., etc., c'est-à-dire qu'on] peut trouver par une simple extraction de racine carrée un nombre *représentant une longueur aussi peu différente qu'on voudra de celle en question. Laquelle toutefois ne comporte point de mesure exacte avec le mètre pris pour unité et doit être regardée comme la limite de la grandeur approchée qu'on exprime en nombre fractionnaire du mètre avec une approximation aussi grande que c'est désirable.*

221. Or, c'est cette opération qu'on appelle *extraire la racine carrée de* 12. On obtient successivement les nombres d'*unités*, de 10es, de 100es, de 1000es, etc., dont les carrés approchent le plus *par défaut* de 12; en augmentant chacun d'une unité, on aurait successivement ceux qui en approchent le plus *par excès.*

Les nombres qui en résultent 3 3,4 3,46 3,465... représentent bien des longueurs aussi peu différentes qu'on voudra de celle du côté de notre carré; mais ni l'une ni l'autre n'en exprime l'idée exacte.

222. NOMBRE INCOMMENSURABLE. — *Définition.* — Si l'on veut pourtant en conserver une juste expression, on emploiera la notation $\sqrt{12}$. Cette expression $\sqrt{12}$ nous fournit un premier exemple d'un *nombre incommensurable,* c'est-à-dire de l'expression d'une grandeur continue dont la mesure avec l'unité qu'on a adoptée, peut être obtenue en fractions avec telle approximation qu'on voudra, mais jamais exactement.

On conçoit, d'ailleurs, que tout ce que nous venons de dire à propos de la surface d'un carré et de la longueur de son côté, se dirait également à propos de deux grandeurs quelconques, liées entre elles de la même manière que ces deux-là. Je veux dire de façon que l'une puisse être représentée par le carré du nombre qui exprime l'autre. Les diverses parties des sciences mathématiques et physiques offrent de nombreux exemples de cette relation. Nous reviendrons bientôt sur les nombres in-commensurables.

223. RACINE CARRÉE D'UNE FRACTION. — D'après la formation du carré d'une fraction (**212**), il est évident que *si une fraction donnée irréductible a ses deux termes carrés parfaits, on obtiendra sa racine en extrayant la racine de chaque terme. Ainsi* $\sqrt{\frac{25}{49}} = \frac{5}{7}$. *Si, au contraire, la fraction irréductible donnée n'a pas ses termes carrés parfaits, la racine carrée est incommensurable.*

Quand le dénominateur seul est carré parfait, par ex. : $\frac{32}{49}$, on peut extraire la racine de ce dénominateur et celle du plus grand carré contenu dans le numérateur 32, et l'on reconnaît ainsi que la racine cherchée est comprise entre $\frac{5}{7}$ et $\frac{6}{7}$. L'une ou l'autre de ces dernières exprime la $\sqrt{\frac{32}{49}}$ à $\frac{1}{7}$ près, c'est-à-dire le nombre de 7es, dont le carré approche le plus de $\frac{32}{49}$ soit en dessous soit en dessus.

Si le dénominateur même n'était pas carré parfait, l'extraction de la racine des deux termes laissant une erreur sur chaque terme, il y aurait parfois incertitude sur le sens de l'erreur du résultat, et l'on ne saurait pas d'ailleurs immédiatement, dans aucun cas, sur quelle approximation on doit compter.

RÈGLE. — *Pour éviter cet inconvénient, on peut rendre d'abord le dénominateur un carré parfait en le multipliant par lui-même, et pour ne pas altérer la valeur de la fraction, on multiplie aussi par lui son numérateur, ce qui fait retomber dans le cas précédent, et conduit à une racine approchée à moins d'une unité fractionnaire de l'espèce marquée par le dénominateur de la fraction donnée.*

Ainsi $\sqrt{\frac{5}{7}} = \sqrt{\frac{5 \times 7}{7^2}} = \sqrt{\frac{35}{49}}$ racine comprise entre $\frac{5}{7}$ et $\frac{6}{7}$.

On rendrait souvent le dénominateur carré parfait sans le multiplier par lui-même ; mais *seulement par un facteur convenable* ; par ex. : si l'on avait pour dénominateur $20 = 2^2.5$, il suffirait de le multiplier par 5 ; $2^2.5^2$ serait un carré parfait.

224. EXTRACTION DES RACINES CARRÉES AVEC UNE APPROXIMATION DÉCIMALE DONNÉE. — Il est souvent utile de savoir extraire la racine carrée d'un nombre quelconque avec une approximation donnée.

Dans la pratique, l'approximation est toujours donnée en décimales ; nous n'examinerons donc que ce cas. Et comme un nombre entier peut toujours être exprimé en décimales, à l'aide de zéros écrits à sa droite ; comme un nombre fractionnaire ordinaire peut aussi être exprimé en décimales, soit exactement, soit avec telle approximation qu'on voudra, nous admettons dans ce qui va suivre que le nombre donné soit mis préalablement sous cette forme.

En nous reportant au n° (**220**), nous voyons que nous y avons successivement déterminé des nombres 3 3,4 3,46 3,464... qui différaient de $\sqrt{12}$ de quantités moindres respectivement que 1 0,1 0,01, 0,001... d'unité, c'est-à-dire la valeur de $\sqrt{12}$ approchée à moins de 1 unité, de 0,1, de 0,01, de 0,001, etc.

Or, les raisonnements que nous avons faits s'appliquent à tout autre nombre que 12. On peut néanmoins les présenter plus brièvement comme ceci. Soit à extraire la racine de 539,4864582 à 0,001 d'unité près. J'observe que le carré de $\frac{1}{1000}$ est $\frac{1}{1000000}$ et j'écris le nombre proposé sous la forme

$$\frac{539486458,2}{1000000} ;$$

extrayant la racine carrée de la fraction $\frac{539486458}{1000000}$ (en négligeant les 0,2 du numérateur) (**223**), on obtient $\frac{23226}{1000}$ à $\frac{1}{1000}$ d'unité près. La partie 0,2 négligée au numérateur ne peut influer sur la racine de ce numérateur approchée à une unité, puisque le carré de 23227, qui est *un nombre d'unités entières*, n'est pas contenu dans 539486458, il ne le sera pas davantage dans ce dernier nombre augmenté de 0,2.

Ainsi 23,226 est bien la racine cherchée.

Règle. — Quand on suit attentivement le calcul qui vient d'être fait, on reconnaît qu'il revient à *extraire d'abord la racine de la partie entière comme à l'ordinaire; puis, après avoir mis une virgule à droite de la racine trouvée, on continue à calculer les chiffres suivants, toujours d'après la règle ordinaire, jusqu'à ce qu'on en ait assez.* Telle est la marche à suivre.

Bien entendu que si le nombre donné n'avait pas assez de décimales, on y suppléerait par autant de zéros que ce serait nécessaire. Si le nombre donné était sous forme de fraction ordinaire, on l'exprimerait préalablement en décimales en s'arrêtant aux décimales qu'on n'emploie pas dans l'extraction de la racine.

225. Méthode abrégée pour extraire les racines carrées. — Toutefois, la règle que nous venons de donner ne doit pas être suivie ordinairement dans la pratique, parce qu'elle oblige à employer et même, dans le cas où l'on traite une fraction ordinaire, à calculer des décimales inutiles.

Il suffit, en effet, toujours de prendre sur la gauche du nombre donné, autant de chiffres plus un qu'on en veut d'exacts à sa racine carrée; on peut d'ailleurs opérer plus simplement que suivant la règle ordinaire.

D'abord, si l'on applique à deux facteurs égaux le raisonnement du n° **160**, on reconnaît que *l'erreur relative du carré d'un nombre approché par excès est plus grande que deux fois celle du nombre;* d'où il résulte immédiatement que *l'erreur relative de la racine carrée d'un nombre approché par excès est moindre que la moitié de celle du nombre.*

Ceci posé, soit le nombre 53279,825462596 dont nous nous proposons de trouver la racine carrée, avec 7 chiffres exacts.

Ce résultat sera obtenu, si l'erreur relative de la racine qu'on calculera est moindre qu'une unité décimale du 7ᵉ ordre (**167**), et il suffit, à cet effet, que l'erreur relative du nombre donné soit moindre elle-même qu'une unité du 7ᵉ ordre, c'est-à-dire (**166**) que le nombre soit pris avec 8 *chiffres exacts*, les autres étant remplacés par des zéros.

Soit 53279,8260000... ce nombre approché par excès ; l'erreur relative de sa racine sera $< \frac{1}{2}$ unité du 7ᵉ ordre décimal, et par conséquent son erreur absolue $< \frac{1}{2}$ unité de l'ordre de son 7ᵉ chiffre. Par suite, cette racine, prise avec ses 7 premiers chiffres, satisfera à la question.

Pour calculer ces 7 chiffres, on en cherche d'abord *plus* de la moitié (4 sur 7), en suivant la règle ordinaire. On trouve 230,8 ; nommons a cette partie, pour abréger le langage.

Le reste actuel 11,18600... contient encore le produit de $2a$ par la dernière partie de la racine (nommons-la b pour abréger), plus le carré de b ; et, en le divisant par $2a$, le quotient sera la 2ᵉ partie b, plus $\frac{b^2}{2a}$; or, cette partie complémentaire est $< \frac{1}{2}$, unité de l'ordre du 7ᵉ chiffre ; car b étant < 1000 unités de l'ordre du 7ᵉ chiffre, b^2 est $< (1000)^2$, ou 1000000 de ces unités ; a en vaut d'ailleurs plus d' 1000000 ; par conséquent $\frac{b^2}{a}$ est $<$ une et $\frac{b^2}{2a} < \frac{1}{2}$ unité de cet ordre. Donc, le quotient complet du reste actuel par $2a$ ne surpasse pas b d' $\frac{1}{2}$ unité de l'ordre du 7ᵉ chiffre.

D'ailleurs, en se bornant aux 3 premiers chiffres 2 4 2 de ce quotient, on néglige la fraction moindre que 1 qui le complèterait.

En résumé, la racine trouvée 230,8242 se trouve affectée de trois erreurs ; 1º une erreur *par excès* $< \frac{1}{2}$ unité de l'ordre du 7e chiffre, provenant de ce qu'on n'a pris que 8 chiffres (par excès) dans le nombre donné ; 2º une erreur aussi *par excès* et $< \frac{1}{2}$ unité de l'ordre du 7e chiffre, venant de ce qu'on a achevé l'opération par une simple division ; 3º une erreur *par défaut*, < 1 unité du même ordre, commise en négligeant la fraction complémentaire du quotient. L'erreur totale est donc < 1 unité de l'ordre du 7e chiffre, et 230,8242 satisfait à la question.

En généralisant ceci, on conclut la règle suivante :

RÈGLE. — *Conservez, sur la gauche du nombre donné, autant de chiffres, plus un, que vous en voulez d'exacts à la racine (en augmentant le dernier de 1, et regardant les autres comme des zéros). Puis, après avoir calculé d'après la règle ordinaire, plus de la moitié des chiffres que vous voulez avoir, divisez le reste actuel par le double du nombre déjà obtenu à la racine, jusqu'à ce que vous ayez tous les chiffres demandés.*

L'avantage de cette méthode consiste à éviter de calculer les derniers chiffres du nombre proposé, et à abréger les calculs dans la dernière partie de l'opération, qui serait, sans cela, la plus compliquée.

CUBES.

226. La troisième puissance d'un nombre a reçu le nom de *cube* de ce nombre. Le cube d'un nombre est susceptible d'une interprétation géométrique analogue à celle qui a été expliquée à propos du carré : c'est que si un nombre 5 représente, en mètres, la longueur de l'arête d'un *cube géométrique*, la troisième puissance de ce nombre, ou $5^3 = 125$, représente le nombre de mètres cubes que contient la figure... On s'en rend compte par un raisonnement semblable à celui qu'on a fait à propos des diverses unités de volume dans le système métrique.

Il résulte de cette considération, qu'inversement si un nombre, comme 125, représente, en mètres cubes, le volume d'un cube géométrique donné, sa racine cubique 5 représentera, en mètres, la longueur de l'arête.

227. FORMATION DES CUBES. — La manière la plus simple de faire le cube d'un nombre, c'est de faire le produit de trois facteurs égaux à ce nombre.

Voici le tableau des cubes des premiers nombres.

Nombres... 1 2 3 4 5 6 7 8 9 10...
Cubes, ... 1 8 27 64 125 216 343 512 729 1000...

Cette série, prolongée indéfiniment, serait une table des nombres, dits *cubes parfaits.*

228. On a besoin de connaître la composition du cube d'un nombre considéré comme formé de deux parties. Pour la découvrir, soient 5 et 4 les deux parties du nombre en question, le nombre sera $(5+4)$, son carré (**210**) $5^2 + 2 . 5 . 4 + 4^2$, et nous obtiendrons le cube, en multipliant ce carré par $(5+4)$, c'est-à-dire d'abord par 5, ce qui donne (**120** et **121**, 3°)

$$5^3 + 2 . 5^2 . 4 + 5 . 4^2 \qquad \text{puis par 4, ce qui donne}$$
$$5^2 . 4 + 2 . 5 . 4^2 + 4^3$$

u bien, en réunissant le tout et remarquant que $2 . 5^2 . 4$

et $5^2 . 4$ font $3 . 5^2 . 6$, que $5 . 4^2 + 2 . 5 . 4^2$ font $3 . 5 . 4^2$, il vient

$$5^3 + 3 . 5^2 . 4 + 3 . 5 . 4^2 + 4^3$$

pour l'expression du cube de $(5 + 4)$, ce qui peut se traduire ainsi :

Le cube d'un nombre de deux parties se compose du cube de la première, du triple produit du carré de la 1re par la 2e, du triple produit de la 1re par le carré de la 2e et du cube de la deuxième.

Une conséquence de ceci, c'est que *la différence des cubes de deux nombres entiers consécutifs égale 3 fois le carré du plus petit nombre, plus 3 fois ce nombre, plus 1.*

Soient, en effet, 8 et $(8 + 1)$ les deux nombres, leurs cubes sont respectivement 8^3 et $8^3 + 3 . 8^2 + 3 . 8 + 1$, dont la différence a bien manifestement la composition indiquée.

La suite des différences des cubes parfaits consécutifs ne présente pas une loi aussi simple que celle des différences des carrés. Nous ne nous en occuperons pas. (1)

229. Cube d'une fraction. — Le cube d'une fraction s'obtient en faisant le cube de chacun de ses termes ; on le voit aisément.

Par conséquent, si la fraction primitive est irréductible, les cubes de ses termes n'ayant pas plus de facteurs communs que ces termes eux-mêmes, la fraction cube sera irréductible aussi.

230. Racine cubique des nombres entiers. — 1º Soit, d'abord, à extraire la racine cubique d'un nombre entier, plus petit

---

(1) Nous laissons cet exercice au lecteur ; il trouvera, sans grande difficulté, que si l'on prend les différences des différences des cubes parfaits consécutifs, puis les différences de ces différences, ou différences troisièmes, elles sont constamment égales à 6. Il en pourra déduire une méthode de calcul pour les cubes parfaits consécutifs, comme on a vu pour les carrés, avec une colonne seulement de plus au tableau.

que 1000. Si c'est un cube parfait, comme par exemple 125, on le trouvera dans la table des cubes des 9 premiers nombres, ainsi que sa racine 5.

Si ce n'est pas un cube parfait, par exemple 170, on trouvera, dans la même table, le plus grand cube 125 que contienne ce nombre et la racine 5 de ce cube.

2° Soit actuellement à extraire la racine cubique d'un nombre plus grand que 1000, et plus petit que 1 000 000; par exemple de 54872 que nous supposons cube parfait.

En raisonnant comme pour la racine carrée, on reconnaît que la racine cubique du plus grand cube contenu dans les 54 mille de ce nombre est exactement le nombre de dixaines de la racine cherchée; c'est 3, on en soustrait le cube 27000 de 54872; le reste est 27872; un raisonnement analogue encore à celui de la racine carrée montre qu'en divisant les 278 centaines de ce reste par le triple carré des 3 dixaines de la racine déjà trouvées, on peut espérer trouver au quotient le chiffre des unités, peut-être pourtant un nombre plus grand; on trouve ici 9; mais avant de l'accepter, il faut le vérifier; on reconnaîtra que 9 n'est pas trop grand, en formant les 3 autres parties du cube de 39, et essayant de soustraire leur somme du reste 27872; si la soustraction est possible, 9 n'est pas trop grand; sinon on le diminuera d'une unité, l'on aura 8 que l'on essaiera à son tour; et ainsi de suite jusqu'à ce qu'on en trouve un bon.

Il y a une manière assez simple de calculer la somme des trois dernières parties du cube; elle consiste à ajouter au triple carré des dixaines 2700 déjà calculé, le triple produit 810 des dixaines trouvées par le chiffre 9 des unités qu'on essaie, et le carré 81 de ce nombre d'unités, ce qui donne 3591, et à multiplier cette somme par le chiffre essayé; on voit aisément qu'on a formé ainsi les trois autres parties du cube. On trouve ici 32319; il est plus grand que 27872, donc 9 est trop grand. En essayant 8 de la même manière, on trouve 27872 lui-même; donc 8 est bon et 38 est la racine cherchée; le nombre proposé était bien d'ailleurs un cube parfait, comme nous l'avions supposé.

S'il n'en était pas ainsi, nous aurions un reste, mais nous n'aurions pas moins obtenu la racine cubique du plus grand cube que contienne le nombre donné ; puisque le cube du nombre trouvé a été soustrait du nombre donné, tandis que le cube d'un nombre plus grand que celui-là d'une unité ne peut l'être.

Maintenant que nous savons extraire la racine cubique d'un nombre entier plus grand que 1000 et plus petit que 1 000 000, nous pourrions continuer une série de raisonnements calqués sur ceux de la racine carrée, qui nous conduiraient à ramener l'extraction de la racine cubique d'un nombre qui n'aurait pas plus de 9 chiffres, à celle d'un nombre de 6, puis celle d'un nombre qui n'a pas plus de 12 chiffres à celle d'un nombre de 9, et ainsi de suite.

En généralisant, nous en déduirons la règle analogue que voici :

Règle. — *Pour extraire la racine cubique d'un nombre entier, il suffit de partager ce nombre en tranches de 3 chiffres à partir de la droite, la dernière tranche à gauche pouvant ne renfermer que 2 chiffres ou 1 seul : cette préparation faite, on cherche le plus grand cube contenu dans cette première tranche, on l'en soustrait et on en écrit la racine ; c'est le 1ᵉʳ chiffre de la racine cherchée. Pour avoir le suivant, on abaisse à droite du reste la tranche suivante, on en divise les centaines par le triple carré de la racine déjà obtenue, le quotient peut être le 2ᵉ chiffre de la racine ou un nombre plus grand. On l'essaie en ajoutant au triple carré déjà effectué le triple produit de la racine déjà trouvée par le chiffre en question et le carré de ce chiffre, puis multipliant la somme par le chiffre essayé. Si le produit peut être soustrait du reste, le chiffre est bon ; sinon on le diminue d'une unité pour l'essayer de même jusqu'à ce qu'on en ait trouvé un bon. On l'écrit alors à droite de ce qui est déjà à la racine. Pour trouver le chiffre suivant, on opère sur le reste actuel et sur la portion de racine trouvée, comme on a opéré précédemment, et l'on continue de la sorte jusqu'à épuisement de toutes les tranches du nombre donné. Arrivé là, on a obtenu la racine exacte si le reste de l'opération est nul ; s'il ne l'est pas, on a la racine du plus grand cube parfait que contienne le nombre donné.*

231. En appliquant à un nombre non cube parfait un raisonnement analogue à celui qu'on a fait sur les nombres non carrés parfaits, on en déduirait que sa racine est *incommensurable* avec les conséquences qui découlent de là. (**219** à **222**.)

Nous croyons inutile de refaire tous ces raisonnements *in extenso*.

232. Il en est de même de tout ce que nous pourrions dire à propos de l'extraction des racines cubiques des fractions, ainsi que de l'extraction des racines cubiques approchées des nombres entiers, décimaux ou fractionnaires ordinaires ; chacun peut faire aisément les démonstrations qui y sont relatives en les calquant sur celles qni sont correspondantes dans la théorie de la racine carrée. Nous nous bornerons à énoncer les résultats et les règles qui en découlent.

D'abord, quand une fraction a ses termes cubes parfaits, sa racine cubique s'obtient en extrayant celle de chaque terme.

Si ces termes ne sont pas cubes parfaits, là racine en est incommensurable.

On en obtient alors une 1re approximation en rendant le dénominateur cube parfait par l'introduction de facteurs convenables, on multipliera aussi le numérateur par ces facteurs, on extraira la racine du numérateur modifié à une unité près, celle du dénominateur sera exacte, et la racine de la fraction sera approchée à moins d'une unité de l'ordre marqué par le dénominateur de la fraction racine.

RÈGLE. *Quand on veut obtenir la racine cubique d'un nombre avec une approximation décimale donnée, on réduit le nombre proposé en décimales s'il ne l'est pas, puis on y prend 3 fois autant de décimales qu'on en veut à la racine, on extrait la racine cubique du nombre ainsi obtenu sans s'inquiéter de la virgule, puis on sépare sur la droite de la racine trouvée les décimales voulues.*

Dans le cas où le nombre donné n'aurait pas assez de décimales, on y suppléerait par des zéros. Et si le nombre donné était sous forme de fraction ordinaire, on le réduirait préalablement à la forme décimale en ne calculant toutefois que les chiffres décimaux utiles pour l'extraction de la racine. En réalité, tous les chiffres qu'exige la règle ne sont pas utiles, mais il n'entre pas dans notre cadre de traiter la question des approximations en ce qui regarde ces racines.

233. **Puissances et racines de degrés supérieurs à 3.** — On pourrait établir, à propos des puissances et racines d'ordres supérieurs au 3ᵉ, des raisonnements et des règles analogues à ceux qu'on vient d'établir pour les carrés, les cubes et les racines correspondantes. Mais la composition de ces puissances supérieures se complique de plus en plus; les procédés qu'on en déduirait pour l'extraction des racines seraient de plus en en plus laborieux.

Comme nous exposerons bientôt des méthodes pour calculer facilement ces puissances et ces racines quelles qu'elles soient, nous n'en parlerons pas ici.

Quelques remarques pourtant nous semblent utiles.

On peut extraire par des racines carrées successives toute racine dont l'indice est une puissance de 2. Ainsi imaginons qu'un nombre étant donné, on en extraie la $\sqrt{}$, puis la $\sqrt{}$ de cette $\sqrt{}$; le nombre obtenu sera deux fois facteur dans la 1ʳᵉ $\sqrt{}$, et celle-ci l'étant deux fois dans le nombre donné, la 2ᵉ $\sqrt{}$ le sera elle-même 2 fois 2 ou 4 fois dans le nombre donné, c'est donc la $\sqrt[4]{}$. De même, la $\sqrt{}$ de la $\sqrt[4]{}$ serait la la racine 8ᵉ ; la $\sqrt{\ }$ de la $\sqrt[8]{\ }$ serait la $\sqrt[16]{\ }$ ...... et ainsi de suite, c'est-à-dire que

$$2 \sqrt{\ } \text{ successives donnent une racine de degré } 4 \text{ ou } 2^2$$
$$3 \sqrt{\ } \qquad\qquad — \qquad\qquad — \qquad\qquad 8 — 2^3$$
$$4 \sqrt{\ } \qquad\qquad — \qquad\qquad — \qquad\qquad 16 — 2^4$$

En général, donc, on extraira une racine dont l'indice sera une puissance de 2, en extrayant autant de $\sqrt{\ }$ *successives qu'il y a d'unités dans l'exposant de la puissance de 2 qui forme l'indice.*

Même conclusion pour les racines dont l'indice est une puissance de 3, qu'on extraira par des $\sqrt[3]{\ }$ successives.

Enfin, quand l'indice d'une racine n'a pas d'autres facteurs premiers que 2 et 3, on peut toujours extraire cette racine par une combinaison d'autant de racines carrées et cubiques successives qu'il y a d'unités dans les exposants respectifs des puissances de 2 et de 3 dont le produit forme l'indice.

Il est à remarquer que l'ordre dans lequel on effectue les opérations partielles est indifférent.

Je m'explique par un exemple : Soit à extraire la racine 288ᵉ de 7 (288 étant égal à $2^5 3^2$), on peut indifféremment commencer par extraire 5 racines carrées, puis 2 racines cubiques, ou inversement, ou même entremêler comme on voudra ces deux genres d'opérations; lorsqu'on aura extrait successivement en tout 5 racines carrées et 2 cubiques, on aura bien le nombre qui, pris 288 fois comme facteur, reproduira le nombre donné. Du moins, si toutes les racines étaient exactes ; si elles ne le sont pas, ce sera seulement la $\sqrt[288]{\ }$ approchée, mais la conclusion subsistera.

234. Nous terminerons ce chapitre par deux propositions utiles à connaître.

PROPOSITION 1. — Le *carré* (et en général une puissance de degré donné) *d'un produit est égal au produit des carrés* (et en général des puissances de même degré) *des facteurs.*

Soit, en effet, 5×3 à élever au carré, il vient

$$(5 \times 3)^2 \qquad \text{ou} \qquad (5 \times 3) \cdot (5 \times 3)$$

ou bien **(45)** $5 \times 3 \times 5 \times 3,$

et, enfin, en groupant convenablement les facteurs **(44)** $5^2 \times 3^2,$ comme on voulait le faire voir.

PROPOSITION 2. — Inversement, *la racine carrée* (et, en général, d'un degré donné) *d'un produit de carrés parfaits* (et, en général, de puissances parfaites de même degré) *est égale au produit des racines carrées* (et, en général, de même degré) *des facteurs.*

Cela est évident par la proposition précédente ; en en retournant l'explication, il est clair que, $5^2 \times 3^2$ étant égal au carré de 5×3, sa racine carrée sera 5×3, c'est-à-dire le produit de $\sqrt{5^2}$ par $\sqrt{3^2}$

Si les facteurs ne sont pas des puissances parfaites, comme par ex. : dans le produit 12×7, leurs racines seront incommensurables, et comme jusqu'alors nous n'avons pas considéré de *produits* de pareils facteurs, il n'y a pas lieu , pour le moment, de leur appliquer notre proposition.

RAPPORTS DES GRANDEURS.

235. Quand on veut se faire une idée d'une grandeur, on la compare à une autre de même espèce qu'elle, parfaitement connue et déterminée. Cette comparaison conduit à l'idée de rapport, idée qu'on rencontre à chaque pas dans les sciences et qu'il importe de préciser. Déjà, à propos de la numération des nombres entiers et de celle des nombres fractionnaires, nous avons donné le nom de *rapport* au résultat numérique de cette comparaison. Il est nécessaire de compléter ces notions fondamentales.

Supposons donc deux grandeurs à comparer.

D'abord, si l'on peut décomposer l'une d'elles en parties égales à l'autre sans reste, par exemple 5 parties, le nombre entier 5 de ces parties est le *rapport* de la 1re grandeur à la seconde. Si cette décomposition est impossible exactement, c'est-à-dire si la plus petite grandeur n'est pas une partie aliquote de la plus grande, on cherche une 3e grandeur auxiliaire de même espèce, qui soit partie aliquote de l'une et de l'autre des deux premières ou leur *diviseur commun*. Admettons qu'on en trouve une, et que la 1re grandeur étant décomposable en 3 parties égales à cette partie aliquote, la 2e le soit en 5 ; il est clair que la 1re vaut 3 fois le $\frac{1}{5}$ de la 2e, et la 2e 5 fois le $\frac{1}{3}$ de la 1re

On dit alors que le *rapport* de la 1re à la 2e est $\frac{3}{5}$ et que celui de la 2e à la 1re est $\frac{5}{3}$; en étendant la signification du mot rapport.

Remarque. — Les deux rapports, comme $\frac{3}{5}$ et $\frac{5}{3}$, auxquels donne toujours lieu la comparaison de deux grandeurs, sont dits *inverses* ou réciproques l'un de l'autre. Leur produit est égal à l'unité.

Observons que, dans le cas précédent, le rapport entier 5 peut être considéré comme $\frac{5}{1}$ son inverse est $\frac{1}{5}$.

236. Quand deux grandeurs ne comportent aucune partie aliquote ou diviseur commun, quelque petit qu'il soit, ces grandeurs n'ont pas de *rapport* dans le sens que nous avons donné à ce mot jusqu'alors; par une nouvelle extension du mot, on dit qu'elles ont un *rapport incommensurable*. Les rapports entiers ou fractionnaires étant qualifiés, par opposition, de *commensurables.*

237. Quand l'une des grandeurs comparées est prise pour unité, le rapport d'une autre grandeur à celle-là est dit : la *mesure* de cette grandeur qui est dite alors exprimée en nombre. Ce sont les nombres qui expriment les grandeurs concrètes qu'on appelle *quantités.*

238. DES NOMBRES INCOMMENSURABLES. — L'extraction des racines carrées nous a fourni un exemple de deux grandeurs : le côté d'un carré de 12 mètres carrés de superficie et le mètre, qui ne comportent point de diviseur commun ; c'est-à-dire de deux grandeurs dont le rapport est *incommensurable.* Les sciences en présentent, à chaque instant, d'autres exemples.

Mais il ne suffit pas de dire que le rapport de deux grandeurs est un nombre *incommensurable.* Il faut se faire une idée nette de pareils rapports. C'est ce qu'on peut faire comme ceci.

Etant données deux grandeurs incommensurables, on peut toujours diviser l'une en parties aliquotes aussi petites qu'on veut, puis décomposer l'autre en autant de parties égales à celle-là qu'elle en contient, et négliger le reste qui est plus petit qu'une de ces subdivisions, c'est-à-dire plus petit que tout ce qu'on veut. Il en résultera un rapport *commensurable* de la 1re grandeur à une autre qui diffère de la 2e aussi peu qu'on voudra.

Concevons donc que, divisant l'une des grandeurs en parties aliquotes dont le nombre augmente indéfiniment, on cherche, pour chaque subdivision, combien l'autre grandeur contient de ces parties et qu'on néglige le reste. On aura, de la sorte, une série de rapports commensurables correspondants à la première grandeur et à d'autres commensurables avec elle, et s'approchant indéfiniment de la deuxième qui est leur *limite*.

Or, on peut considérer le rapport incommensurable des deux grandeurs en question comme la *limite* des rapports commensurables considérés. En entendant bien que ce *rapport ou nombre limite* ne peut aucunement exister sous forme entière, ni sous forme fractionnaire.

Quelques-uns de ces nombres incommensurables peuvent bien, il est vrai, comme par exemple : $\sqrt{12}$, être représentés par le signe d'une opération inexécutable qui a donné lieu à leur considération ; mais c'est le très-petit nombre qui est dans ce cas, les autres n'en sont pas susceptibles.

Quelle utilité alors il y a-t-il à considérer des nombres de cette sorte ? Comment les introduire dans des raisonnements et des calculs ? et quel sens donner au résultat d'opérations indiquées sur eux ? Nous allons résoudre toutes ces questions.

239. Et d'abord remarquons, qu'en pratique, quand on effectue des mesures sur des grandeurs concrètes, on ne trouve jamais de nombres incommensurables. Car nous ne savons, et n'avons aucun moyen de savoir si deux grandeurs sont rigoureusement *égales* ou non, et, par suite, si le rapport de deux grandeurs est commensurable ou ne l'est pas ; puisque la recherche du rapport revient, en dernière analyse, à la décomposition de ces grandeurs en parties *égales* à un diviseur com-

mun ou partie aliquote des deux grandeurs. Aussi ne s'in-
quiète-t-on jamais, dans les applications, de la commensurabilité
ou de la non-commensurabilité des grandeurs.

Quand on veut en comparer deux, on prend, pour terme de
comparaison, une partie aliquote de l'une d'elles, de l'ordre de
petitesse, qu'on ne peut ou qu'on ne veut dépasser dans la
question qu'on traite, partie aliquote déterminée avec toute la
précision possible ou désirable, puis décomposant, avec la même
précision, l'autre grandeur, en autant de parties égales à cette
partie aliquote qu'elle en contient, on néglige le reste et on
déduit de là le rapport commensurable de deux grandeurs aussi
peu différentes de celles données, que le permettent les procédés
de division qu'on a mis en usage et l'habileté qu'on y a déployée.
Mais il n'y a pas là de nombres incommensurables.

240. C'est donc dans la théorie seule qu'on en emploie;
voici l'utilité qu'on en retire.

Les nombres, avons-nous vu, peuvent représenter les grandeurs; de sorte qu'en étudiant les nombres, les propriétés qu'on
y découvre appartiendront aussi aux grandeurs qu'ils représentent. On les y verra, pour ainsi dire, comme dans un
tableau. Mais il est clair que ce tableau ne sera fidèle qu'autant
que les propriétés essentielles des grandeurs auront leur traduction dans les nombres.

Or, l'une des propriétés les plus fécondes des grandeurs, c'est
la *continuité* en vertu de laquelle une grandeur, qui la possède,
ne peut passer d'un état à un autre, sans passer par tous les
états intermédiaires.

Tant que l'on se borne à l'emploi des nombres entiers et des
nombres fractionnaires, les quantités ne sont pas susceptibles
de continuité; il est bien vrai qu'en prenant des unités fractionnaires très-petites, on peut former une série de nombres
très-peu différents l'un de l'autre; mais, pour passer de l'un
d'eux au plus voisin, on saute brusquement par-dessus une
infinité de quantités intermédiaires, exprimables ou non en
fraction.   11

Ainsi, pour fixer les idées, dans l'exemple (**220**) du carré dont le côté est incommensurable avec le mètre, on peut imaginer deux fractions qui représentent des longueurs très-peu différentes de la longueur du côté, l'une en dessus, l'autre en dessous; mais si l'on veut passer de l'une à l'autre des fractions, comme de l'une à l'autre des grandeurs correspondantes, en passant par tous les états de grandeur intermédiaire, entre autres $\sqrt{12}$, il est certain qu'on n'y arrivera point avec des fractions seules, puisque nulle fraction n'est égale à $\sqrt{12}$.

Tandis qu'avec l'emploi des nombres incommensurables, on conçoit qu'on puisse passer par tous les états de grandeur comme on est passé par la valeur particulière $\sqrt{12}$. De deux choses l'une, ou dans un état donné une grandeur est commensurable avec l'unité choisie, ou elle ne l'est pas; si elle l'est, elle sera très-bien représentée par un nombre commensurable, si elle ne l'est pas, par un nombre incommensurable; dans tous les cas elle le sera.

On voit donc comment les incommensurables permettent de concevoir la continuité dans les nombres comme dans les grandeurs qu'ils sont destinés à représenter, et comment cette représentation devient, avec leur aide, fidèle et complète. Ceci explique suffisamment l'utilité qu'il y a à considérer les incommensurables.

221. DÉFINITION DES OPÉRATIONS SUR LES NOMBRES INCOMMENSURABLES. — Leur introduction d'ailleurs, dans les raisonnements et les calculs, ne présente pas de difficulté.

Supposons que nous ayons à résoudre une question où il entre des quantités incommensurables. Concevons que, remplaçant d'abord ces quantités par d'autres quantités commensurables différant très-peu des premières, nous résolvions sur elles la même question; nous obtiendrons, pour résultat, un nombre remplissant des conditions très-peu différentes aussi de celles que doit remplir le nombre qu'on demande, et si les nombres commensurables en question s'approchent indéfiniment des incommensurables qui sont leurs limites respectives, le résultat s'approchera aussi indéfiniment de remplir les conditions qu'on demande. On conçoit donc que le nombre (en général incommensurable) qui remplirait rigoureusement ces conditions puisse être regardé comme la limite du résultat précédent. Par conséquent, on peut indiquer, sur les quantités incommensurables de la question, les mêmes opérations qu'on avait indiquées sur les quantités commensurables correspondantes dont elles sont respectivement les limites, et regarder le résultat de ces opérations comme la limite (généralement incommensurable) des résultats que donnent les mêmes opérations appliquées aux nombres commensurables considérés. C'est là ce qu'il faut entendre, quand on parle du résultat d'opérations appliquées à des nombres incommensurables.

Quand on voudra effectuer une pareille opération en vue d'une application, on remplacera chaque nombre incommensurable par un nombre commensurable suffisamment approché, et l'on fera les opérations à la manière ordinaire.

242. Pour éclaircir ceci, empruntons des exemples à la géométrie.

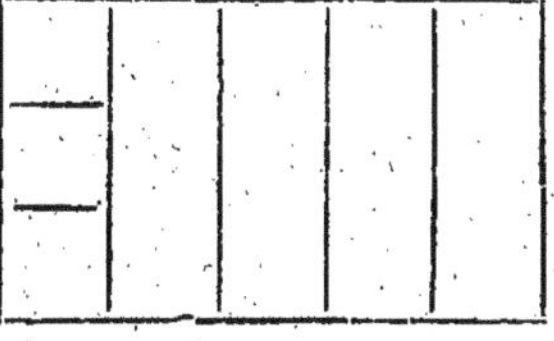

1° Soit un rectangle de 5 mètres de long sur 3 mètres de large ; une décomposition très-simple montre que cette figure contient 5 × 3 ou 15 mètres carrés. On verrait de même que si la largeur était de 3,4 mètres pour la même longueur, la surface contiendrait 50 × 34 décimètres carrés ou 5 × 3,4 mètres carrés ; et en général que *pour obtenir, en mètres carrés, la mesure d'un rectangle dont les côtés sont commensurables avec le mètre, il*

faut faire le produit du nombre de mètres de la longueur par celui de la largeur.

Mais si l'un des côtés était incommensurable avec le mètre, par exemple, que la hauteur ait pour mesure $\sqrt{12}$, la longueur restant la même, comment exprimer la surface de la figure ?

En prenant, au lieu de $\sqrt{12}$, les nombres commensurables 3, 3,4, 3,46, 3,464, 3,4640... qui s'en approchent indéfiniment, les produits 5×3, $5 \times 3,4$, $5 \times 3,46$, $5 \times 3,464$, $5 \times 3,4640$... s'approcheront indéfiniment de représenter la surface du rectangle, et la mesure de celle-ci peut être regardée comme la *limite* de ces produits ; on la représente par $5 \times \sqrt{12}$, entendant bien que ce dernier produit doit être regardé comme la *limite incommensurable* des précédents.

On tirerait une conclusion semblable si la longueur elle-même était incommensurable, par exemple : $\sqrt{26}$, on aurait, pour la mesure de la surface, un produit $\sqrt{26} \times \sqrt{12}$, que l'on considèrerait à la manière qui a été développée.

Pour évaluer un pareil produit $5 \times \sqrt{12}$, à moins de 0,001 de sa valeur, on calculera (**n° 172**) le facteur approché $\sqrt{12}$, avec quatre chiffres exacts 3,464 et le produit $5 \times 3,464 = 17,320$ représentera, en mètres carrés, la surface du rectangle à 0,001 près de sa valeur.

2° On démontre en géométrie que si, sur la diagonale d'un carré, considérée comme côté, on construit un nouveau carré, celui-ci sera double de celui-là.

Soit donc, pour fixer les idées, la longueur du côté du carré primitif égale 5 mètres, sa surface renfermera 25 mètres carrés (**205**) et celle du grand 25×2 ; de sorte que la longueur de son côté ou de la diagonale du carré primitif sera représentée par $\sqrt{25 \times 2}$. Or, entendant un produit de facteurs incommensurables, comme cela vient d'être expliqué, on peut dire que $\sqrt{25 \times 2}$ est égal à $\sqrt{25} \times \sqrt{2}$, ou à $5 \times \sqrt{2}$.

En effet $\sqrt{2} = 1,4142135637...$ etc.; on voit aisément, d'ailleurs (**160**), que si un nombre comporte une certaine erreur relative par défaut, l'erreur relative de son carré est moindre que le double de la première, d'où il suit que le carré a tout au plus un chiffre exact de moins que le nombre lui-même. Par conséquent, les carrés $(1,4)^2$, $(1,41)^2$, $(1,414)^2$... etc., ne diffèrent pas de 2 respectivement de 1 unité, de 0,1, de 0,01... etc., c'est-à-dire que le carré de 1,41421356237... etc., diffère de 2 aussi peu qu'on veut.

Si donc, à la place $\sqrt{2}$, on prend successivement 1,4 1,41 1,414... etc., l'expression $5 \times \sqrt{2}$ deviendra respectivement $5 \times \sqrt{(1,4)^2}$, $5 \times \sqrt{(1,41)^2}$... etc., expressions équivalentes rigoureusement (**234**, 2) à $\sqrt{25 \times (1,4)^2}$, $\sqrt{25 \times (1,41)^2}$.. etc., c'est-à-dire à des nombres commensurables aussi peu différents qu'on veut de $\sqrt{25 \times 2}$. Par conséquent, en multipliant 5 par des nombres indéfiniment approchés de $\sqrt{2}$, on obtient des produits indéfiniment approchés aussi de $\sqrt{25 \times 2}$, ou, en d'autres termes, $\sqrt{25 \times 2}$ est la *limite* des produits $5 \times 1,4$, $5 \times 1,41$, $5 \times 1,414$... etc., limite qu'on peut très-bien représenter par $5 \times \sqrt{2}$, suivant ce que nous avons déjà dit. (1) Si l'on veut faire de nouvelles spéculations sur la diagonale de notre carré, il en faudra conserver l'expression fidèle $5 \times \sqrt{2}$. Mais si l'on veut l'évaluer réellement, on calculera $\sqrt{2}$, avec l'approximation qu'exigera la question, et, en multipliant 5 par cette racine approchée, on aura, en mètres, la mesure de la diagonale, avec toute l'exactitude nécessaire.

Ces exemples doivent suffire pour mettre la question dans tout son jour.

____

(1) L'égalité $\sqrt{25 \times 2} = 5 \times \sqrt{2}$ que nous venons d'expliquer, complète la proposition 2 du n° **234**, et l'étend à des facteurs quelconques, au moins pour la racine carrée. Le lecteur l'étendra aisément au cas où les deux facteurs seraient incommensurables, et à des racines de degré quelconque. Nous la regardons donc comme établie généralement.

243. *En résumé donc on emploie les nombres incommensurables, pour que les nombres devenant continus comme les grandeurs, soient aptes à les représenter fidèlement.*

Dans les questions où il s'en trouve, on les représente par des symboles convenables; on indique sur eux les mêmes opérations qu'on indiquerait sur les nombres commensurables dont ils sont les limites respectives; et les résultats de ces opérations doivent être considérés comme les limites des résultats des mêmes opérations appliquées aux nombres commensurables qui s'approchent indéfiniment de ceux-là.

Ces limites ne peuvent, en général, être calculées qu'avec approximation, ce qu'on fait dans chaque cas particulier en substituant aux symboles incommensurables les nombres commensurables qui en sont suffisamment approchés.

244. Les opérations étant ainsi étendues des nombres commensurables aux incommensurables, on étend de même aux seconds les propriétés des premiers; il suffit pour cela que ces propriétés soient démontrées vraies pour des nombres commensurables aussi peu différents qu'on veut de ceux-là.

Ainsi, par exemple, on sait qu'un *produit de deux ou de plusieurs nombres commensurables ne change pas dans quelque ordre qu'on prenne ses facteurs.* Cette proposition sera regardée comme vraie pour des facteurs incommensurables, parce qu'elle l'est pour des facteurs commensurables qui en diffèrent aussi peu qu'on veut. Nous regarderons de même comme étendues aux nombres incommensurables les propositions des Nᵒˢ (**44, 45, 46, 61, 62, 63**) et leurs conséquences, ainsi que celle du Nᵒ (**234**).

Le même raisonnement les démontrera.

245. Il est nécessaire encore, pour que cette extension soit bien nette dans l'esprit, de se faire une idée claire de l'égalité de deux nombres incommensurables.

Pour cela, concevons qu'on évalue approximativement l'un

et l'autre de ces nombres avec *le même degré d'approximation*, de manière à obtenir des nombres commensurables qui s'en approchent indéfiniment ; si l'on reconnaît que ces derniers sont toujours égaux entre eux, quelque petit que soit le degré d'approximation (pourvu qu'il soit le même pour les deux), on en conclut que les nombres incommensurables vers lesquels ils convergent sont égaux entre eux. Ce n'est pas autrement qu'on peut concevoir l'égalité de ces derniers nombres.

Quand on aura occasion de démontrer l'égalité de deux rapports incommensurables, il faudra donc chercher à la prouver pour des nombres commensurables approchés des premiers *au même degré*, et si on découvre qu'elle a lieu, quelque petit que soit ce degré, on en conclura immédiatement celle des rapports incommensurables limites de ceux-là.

246. D'après ce qui vient d'être expliqué, on voit que, lorsqu'il s'agira de trouver réellement et pratiquement le rapport de deux grandeurs concrètes données, et en particulier, la mesure d'une grandeur, c'est-à-dire son rapport à l'unité, il ne faudra pas se préoccuper de déterminer le rapport rigoureusement exact, puisque les opérations pratiques sont toujours sujettes à des imperfections inévitables ; on devra donc prendre seulement une 3ᵉ grandeur ou unité auxiliaire assez petite pour que les grandeurs qui lui sont inférieures soient négligeables dans la question qu'on traite, puis chercher avec beaucoup de soin, et par les méthodes appropriées à la question les nombres de fois que les deux grandeurs contiennent cette unité et négliger le reste ; le quotient du 1ᵉʳ de ces nombres par le 2ᵉ sera le rapport approché de la 1ʳᵉ grandeur à la 2ᵉ, ou la mesure de la grandeur si la 2ᵉ est l'unité.

Bien entendu que, dans les sciences de précision, il est de la plus haute importance de reculer, aussi loin que possible, les limites au-dessous desquelles doivent rester les erreurs d'observation.

247. *Dans tous les cas, le rapport de deux grandeurs sera représenté par une fraction à termes entiers, qui pourra même être un nombre entier par occasion.*

Si la théorie conduit à des nombres incommensurables, on saura comment les traiter et ce qu'ils signifient.

248. Il arrive quelquefois qu'ayant à déterminer le rapport de deux grandeurs, on trouve plus commode de déterminer les rapports de ces deux grandeurs à une troisième auxiliaire pour en déduire le rapport de la 1re à la 2e, c'est même une méthode fréquemment employée dans les sciences ; voici comment se fait le calcul.

Soient par ex. : Deux grandeurs que je nomme, pour abréger le discours, A et B. Admettons qu'on connaisse leurs rapports à une 3e grandeur C. S'ils sont entiers, par ex. : 5 et 7, le rapport d'A à B sera $\frac{5}{7}$, comme on l'a vu plus haut.

S'ils sont fractionnaires, par ex. : $\frac{2}{3}$ et $\frac{4}{5}$, c'est que C n'est pas une partie aliquote d'A ni de B ; mais l'inspection seule des fractions montre que le $\frac{1}{15} = \frac{1}{3 \times 5}$ de C est une partie aliquote commune contenue 2×5 ou 10 fois dans A et 4×3 ou 12 fois dans B, le rapport d'A à B est donc $\frac{2 \times 5}{3 \times 4}$ ou $\frac{2}{3} \times \frac{5}{4}$ ou enfin $\frac{2}{3} : \frac{4}{5}$, ce qui fait $\frac{10}{12} = \frac{5}{6}$, c'est-à-dire qu'il suffit de diviser le 1er rapport par le 2e, comme dans le cas précédent.

Si les rapports étaient incommensurables, en les considérant comme les limites de rapports commensurables aussi approchés qu'on veut, on en conclurait la même chose.

Ainsi, en général, *quand on connaît les rapports de deux grandeurs à une troisième, on trouve le rapport de la 1re à la 2e en divisant le 1er rapport par le 2e. Le quotient exprime le rapport cherché.*

D'après les règles des fractions, on sait que ce sera *une fraction à termes entiers,* sauf le cas théorique ou les rapports primitifs sont incommensurables. Dans la pratique du calcul, on n'aura donc jamais que des rapports à termes entiers.

249. Application. — On sait, en physique, que le rapport de la densité du mercure à celle de l'eau est 13,598, que le rapport de la densité de l'air sec pris à la température 0 et sous la pression de 76^{cm} de mercure à celle de l'eau est $\frac{1}{770}$ environ ; on en conclut que le rapport de la densité du mercure à celle de l'air est 13,598 : $\frac{1}{770}$ ou 13,598 × 770 ou 10470 environ. (Le nombre plus précis est 10462.)

250. *Remarque.* — La conclusion précédente s'exprime autrement. Considérons le rapport $\frac{2}{3}$ d'A à C, et le rapport $\frac{5}{4}$ de C à B inverse de $\frac{4}{5}$ que nous considérions d'abord : on a vu que le rapport d'A à B est le produit $\frac{2}{3} \times \frac{5}{4} = \frac{5}{6}$, ce qu'on traduit en disant : *si l'on connaît le rapport d'une* 1re *grandeur* A *à une* 2e C, *et le rapport de cette* 2e *à une* 3e B, *on trouve le rapport de la* 1re *à la* 3e *en faisant les produits des deux rapports simples en question.*

Cette propriété étant vraie pour 3 grandeurs, s'étend aisément à 4, 5... à autant de grandeurs qu'on veut de même espèce. On en conclut cette règle générale : *Si l'on connaît les rapports d'une grandeur à une autre, de celle-ci à une* 3e, *de la* 3e *à une* 4e *et ainsi de suite, on trouve le rapport de la première à la dernière en multipliant tous ces rapports l'un par l'autre. Le rapport sera encore une fraction à termes entiers* (**227**).

Nous laissons au lecteur à étendre à ce cas général la règle que nous avons établie pour deux rapports seulement.

◆

QUELQUES PROPRIÉTÉS DES RAPPORTS.

251. Puisque les rapports des grandeurs peuvent se ramener toujours à des fractions à termes entiers (au moins avec approximation), toutes les propriétés déjà connues des fractions leur conviennent. En voici en outre quelques autres qu'il est utile de connaître.

Si l'on augmente le numérateur d'un rapport de 1, 2, 3... fois son dénominateur, on augmente respectivement le rapport de 1, 2, 3 unités.

Soit un rapport $\frac{2}{3}$, augmenter son numérateur du dénominateur 3, c'est ajouter à la fraction $\frac{2}{3}$ ou une unité; l'augmenter de 2 fois, 3 fois, etc... le dénominateur, c'est donc augmenter la fraction de 2, 3..... unités.

Il est clair que si l'on diminue le numérateur de 1, 2, 3... fois le dénominateur, la fraction diminuera de 1, 2, 3... unités.

Il résulte de là que si *deux rapports sont égaux, on peut ajouter chaque dénominateur à son numérateur ou l'en soustraire, sans que les rapports cessent d'être égaux*; puisqu'on augmente ou qu'on diminue chacun du même nombre d'unités. Ainsi l'égalité $\frac{2}{3} = \frac{6}{9}$ entraîne celle-ci $\frac{2+3}{3} = \frac{6+9}{9}$ ou $\frac{5}{3} = \frac{15}{9}$.

On peut additionner chaque numérateur à son dénominateur, ou l'en soustraire sans que l'égalité cesse d'avoir lieu., parce qu'on augmente ou diminue d'autant l'un que l'autre les inverses des rapports donnés; comme ces rapports inverses demeurent égaux, il en est de même des rapports eux-mêmes. Par exemple, soit l'égalité $\frac{4}{6} = \frac{6}{9}$; en soustrayant les numérateurs des dénominateurs, il vient $\frac{4}{6-4}$ et $\frac{6}{9-6}$ ou $\frac{4}{2}$ et $\frac{6}{3}$, rapports égaux entre eux, parce que leurs inverses $\frac{2}{4}$ et $\frac{3}{6}$ proviennent de $\frac{6}{4}$ et $\frac{9}{6}$ diminués chacun de 1; ces inverses sont égaux, donc il en est de même des rapports eux-mêmes $\frac{4}{2}$ et $\frac{6}{3}$.

252. *Quand plusieurs rapports sont égaux, la somme de leurs numérateurs divisée par celle des dénominateurs donne un nouveau rapport égal à chacun des premiers.*

Soient d'abord deux rapports égaux $\frac{6}{9}$ et $\frac{8}{12}$; ils sont (**106**) égaux à une même fraction irréductible $\frac{2}{3}$, les deux termes de la première valent 3 fois ceux de $\frac{2}{3}$ et les deux termes de la deuxième les valent 4 fois, donc la somme 6 + 8 vaudra 3 + 4 ou 7 fois le numérateur 2, et la somme 9 + 12 vaudra aussi 7 fois le dénominateur 3, donc la fraction $\frac{6+8}{9+12} = \frac{14}{21}$, ayant ses termes équimultiples de ceux de $\frac{2}{3}$, est égale à cette dernière et, par conséquent, aux fractions données. (**105**)

Si l'on avait une 3e fraction $\frac{4}{6}$ égale aux deux autres, et qu'on l'ajoute terme à terme à la fraction complexe $\frac{6+8}{9+12}$ qui lui est égale, la fraction résultante $\frac{6+8+4}{9+12+6} = \frac{18}{27}$ serait encore égale à $\frac{4}{6}$, et l'on conçoit qu'une 4e, une 5e, etc... fraction, ajoutée ainsi terme à terme aux précédentes, donnerait toujours une fraction complexe égale à chacune des fractions simples dont les termes la composent.

La proposition énoncée est donc générale.

253. Il est clair qu'elle renferme implicitement, que *si l'on soustrait terme à terme deux rapports égaux, le rapport résultant sera égal à chacun des premiers.* On s'en rend compte en retournant du rapport complexe $\frac{14}{21}$ et de $\frac{6}{9}$ à l'autre rapport $\frac{8}{12}$, qu'on obtient en faisant les différences de leurs termes.

254. *Quand deux rapports sont égaux, si l'on multiplie le numérateur du premier par le dénominateur du second et le numérateur du second par le dénominateur du premier, les deux produits sont égaux.*

Soient les rapports égaux $\frac{2}{3}$ $\frac{6}{9}$, l'inverse $\frac{9}{6}$ du deuxième sera aussi l'inverse du premier $\frac{2}{3}$, et le produit (**235** *Rem.*) des deux rapports inverses $\frac{2}{3}$ $\frac{9}{6}$ sera égal à 1

$$\frac{2 \times 9}{3 \times 6} = 1,$$

c'est-à-dire que les deux produits 2×9 et 3×6 sont égaux.

255. Inversement, *toutes les fois que les produits de 4 nombres pris deux à deux sont égaux, le rapport de l'un quelconque des premiers facteurs à l'un des seconds est égal au rapport de l'autre des seconds à l'autre des premiers.*

Ainsi, de ce que $2 \times 9 = 3 \times 6$, on conclut que $\frac{2 \times 9}{3 \times 6} = 1$, d'où indifféremment $\frac{2}{3} \times \frac{9}{6} = 1$ ou $\frac{2}{6} \times \frac{9}{3} = 1$, et par suite $\frac{2}{3}$ étant l'inverse de $\frac{9}{6}$ est égal à $\frac{6}{9}$, de même $\frac{2}{6} = \frac{3}{9}$. C'est ce qu'on voulait faire voir.

Remarque. Observons de plus que les égalités $\frac{2}{3} = \frac{6}{9}$ et $\frac{2}{6} = \frac{3}{9}$, étant équivalentes, on peut, quand on a 2 rapports égaux, permuter le numérateur de l'un avec le dénominateur de l'autre, sans que l'égalité cesse d'avoir lieu.

Ceci suppose toutefois que les termes des rapports sur lesquels on effectue la permutation sont considérés comme abstraits, sans quoi les nouveaux rapports pourraient n'avoir aucun sens.

256. Définitions. — 1° On dit qu'un nombre est une 4ᵉ *proportionnelle* à 3 nombres donnés, quand son rapport au premier est égal au rapport des deux autres. Ainsi 2 est une 4ᵉ proportionnelle à 3, 4 et 6, parce que $\frac{2}{3} = \frac{4}{6}$.

Il est clair que $2 = 3 . \frac{4}{6}$, puisque l'égalité $\frac{2}{3} = \frac{4}{6}$ exprime que $\frac{4}{6}$ est le quotient de 2 par 3.

D'où l'on conclut que *pour trouver une 4ᵉ proportionnelle à trois nombres, il suffit de multiplier le premier par le rapport donné de deux autres.*

2° Une moyenne proportionnelle à deux nombres est un autre nombre dont les rapports aux deux premiers sont inverses l'un de l'autre.

Par exemple, 6 est moyen proportionnel entre 4 et 9, parce que $\frac{6}{4}$ et $\frac{6}{9}$ sont inverses; ou ce qui revient au même $\frac{4}{6} = \frac{6}{9}$.

Puisque $\frac{6}{4}$ et $\frac{6}{9}$ sont des rapports inverses, leur produit $\dfrac{6^2}{4 \times 9}$ est égal à 1, c'est-à-dire que $6^2 = 4 \times 9$ ou bien $6 = \sqrt{4 \times 9}$.

Ce qu'on exprime en disant que *la moyenne proportionnelle entre deux nombres égale la racine carrée du produit de ces nombres.*

Chacun de ces derniers est dit une 3ᵉ proportionnelle à l'autre et à la moyenne; 4 est 3ᵉ proportionnelle à 6 et à 9; c'est une 4ᵉ proportionnelle à 3 nombres dont deux sont égaux, comme cela résulte de l'égalité $\frac{4}{6} = \frac{6}{9}$.

APPLICATION DE L'ARITHMÉTIQUE

AUX

PROBLÈMES LES PLUS USUELS.

GRANDEURS PROPORTIONNELLES.

257. — DÉFINITIONS. — Deux grandeurs sont dites *directement proportionnelles* ou simplement *proportionnelles*, quand elles sont liées de telle sorte que l'une venant à varier dans certain rapport, l'autre varie dans le même rapport. Par ex. : Si l'une devient le double, le triple, la $\frac{1}{2}$, le $\frac{1}{3}$, les $\frac{3}{4}$.... de ce qu'elle était dans un premier état ; l'autre devient respectivement le double, le triple.... la $\frac{1}{2}$, le $\frac{1}{3}$, les $\frac{3}{4}$ de ce qu'elle était dans l'état primitif correspondant.

La quantité d'une denrée et son prix sont proportionnels ; il en est de même de l'espace parcouru par un mobile dont la vitesse ne change pas et du temps employé à le parcourir ; la valeur d'une fraction est proportionnelle à son numérateur ; la pression qu'exerce un liquide sur le fond d'un vase est proportionnelle à l'étendue de ce fond, à la hauteur verticale du niveau supérieur au-dessus du fond et à la densité du liquide ; le poids d'une substance homogène est proportionnel à son volume, à son poids spécifique ; la résistance due au frottement d'un corps qui glisse sur un autre est proportionnelle à la pression qui applique les surfaces l'une sur l'autre, etc.

Deux grandeurs sont *inversement* ou *réciproquement propor-*

tionnelles quand elles sont liées de façon que si l'une varie dans un certain rapport, l'autre varie dans le rapport inverse. Par ex. : Si l'une devient 2 fois 3 fois.... plus grande qu'elle était dans un premier état, l'autre devient la $\frac{1}{2}$, le $\frac{1}{3}$... de ce qu'elle était dans son état correspondant; si la première devient la $\frac{1}{2}$, le $\frac{1}{3}$, le $\frac{1}{4}$.... la deuxième devient 2, 3, 4, etc... fois plus grande. Si la première devient les $\frac{2}{3}$, les $\frac{4}{5}$... de ce qu'elle était, l'autre devient respectivement les $\frac{3}{2}$, les $\frac{5}{4}$, etc., de ce qu'elle était dans l'état primitif correspondant.

Le prix du mètre d'une marchandise et la quantité qu'on en peut acheter pour une somme constante donnée sont inversement proportionnels; le temps nécessaire pour parcourir une distance donnée d'un mouvement uniforme et la vitesse du mobile le sont aussi; une fraction est inversement proportionnelle à son dénominateur, la densité d'un liquide l'est à sa hauteur pour une pression hydrostatique déterminée et constante, le volume d'un corps homogène l'est à son poids spécifique pour un poids donné constant, le volume d'une quantité donnée de gaz l'est à la pression qu'il supporte (loi de Mariotte) etc., etc.

Tous ces exemples laissent voir que ce n'est point à l'Arithmétique (sauf en ce qui regarde les nombres) à décider si des grandeurs sont proportionnelles, soit directement, soit inversement, ou si elles ne le sont pas; c'est aux sciences physiques, aux arts, à l'usage, à l'expérience qu'il faut s'adresser pour le reconnaître.

Remarque. — Dans les exemples que nous avons cités, il se trouve des grandeurs proportionnelles à plusieurs autres; il y a lieu de faire à leur sujet une remarque utile.

Soit une grandeur A proportionnelle séparément à deux autres B et C; considérons des états correspondants de ces trois grandeurs; puis imaginons que B varie dans un certain rapport, devienne par exemple les $\frac{2}{3}$ de ce qu'elle était, A variera dans le même rapport et deviendra les $\frac{2}{3}$ de ce qu'elle était; concevons de même que C varie et devienne les $\frac{5}{7}$ de ce qu'elle était, A deviendra aussi les $\frac{5}{7}$ de ce qu'elle était. Mais si B et C varient simultanément dans les rapports mentionnés , A deviendra les $\frac{5}{7}$ des $\frac{2}{3}$, ou les $\frac{2}{3} \times \frac{5}{7}$ c'est-à-dire les $\frac{10}{21}$ de ce qu'elle était.

D'ailleurs, les expressions numériques de B et de C ont varié comme ces grandeurs, et le produit de ces expressions est devenu les $\frac{2}{3} \times \frac{5}{7}$ ou $\frac{10}{21}$ de ce qu'il était (**46** et **125**), c'est-à-dire que la grandeur A varie dans le même rapport que le produit de ces expressions numériques.

S'il y avait plus de deux grandeurs B et C proportionnelles à A, les conclusions seraient les mêmes, je veux dire qu'en général :

Quand une grandeur est proportionnelle séparément à plusieurs autres, elle l'est au produit de leurs expressions numériques.

Si, parmi ces dernières grandeurs, il s'en trouvait d'inversement proportionnelles à la 1re grandeur A, on verrait aisément par un raisonnement analogue à celui que nous venons de faire, que la 1re grandeur est proportionnelle au quotient du produit des expressions numériques de celles qui lui sont directement proportionnelles, divisé par le produit des expressions numériques de celles qui le lui sont inversement.

258. Actuellement, considérons deux grandeurs proportionnelles. Soient, pour fixer les idées, le poids d'un corps homogène et son volume. Concevons les exprimés suivant l'usage : le 1er en grammes, le 2° en centimètres cubes. De deux choses l'une : ou un volume d'1 centimètre cube d'un corps correspondra à un poids d'1 gramme, comme cela a lieu pour l'eau, ou il correspondra à un poids autre qu'1 gramme, comme cela a lieu pour tous les autres corps, par ex. : pour le fer en barres qui pèse environ 7,788 grammes par centimètre cube.

Dans le premier cas, le nombre de grammes que pèse une masse donnée d'eau est absolument le même que le nombre de centimètres cubes qui composent son volume; dans le 2e cas, l'expression en grammes du poids d'un morceau de fer est égal au nombre constant 7,788 grammes, multiplié par le nombre de centimètres cubes que renferme le volume de ce morceau de fer.

Comme de semblables réflexions s'appliqueraient à deux grandeurs proportionnelles quelconques, nous dirons qu'en général :

Lorsque deux grandeurs sont directement proportionnelles, le nombre qui exprime l'une est égal à un nombre constant multiplié par le nombre qui exprime l'autre. Ce nombre constant représente la valeur de la 1re grandeur qui correspond à la valeur de la 2e qu'on a prise pour unité.

Ce nombre constant se nomme un *coefficient.*

Ainsi, dans notre exemple, le coefficient 7,788 représente la valeur du poids qui correspond à 1 centimètre cube, qu'on a a pris pour l'unité de volume.

EXEMPLE. Le poids en grammes d'une somme d'argent monnayé s'obtient en multipliant 5 grammes, poids d'1 franc, par l'expression de la somme en francs ; la distance en mètres parcourue par le son qui se propage uniformément dans l'air à la température 0, s'obtient en multipliant 333 mètres, distance parcourue dans une seconde, par le nombre de seconde qu'a duré la transmission ; 5 et 333 sont ici les coefficients constants. Le prix d'une quantité d'étoffe exprimée en mètres, est le produit du prix du mètre par cette quantité ; c'est le prix du mètre qui est le nombre constant (tant qu'il s'agit de la même étoffe). Quand on transforme un nombre de toises en mètres (**202**), le nombre 1,94904 est le coefficient constant, etc., etc.

REMARQUE. — *Lorsque les unités des deux grandeurs se correspondent, le nombre constant est l'unité, c'est-à-dire que les expressions numériques des deux grandeurs sont identiques.*

EXEMPLE. Le poids en grammes d'une quantité d'eau donnée en centimètres cubes, est cette quantité elle-même ; en géométrie, l'expression numérique d'un arc de cercle en degrés, est la même que l'expression numérique de l'angle au centre correspondant, etc., etc.

259. Si deux grandeurs sont inversement proportionnelles, *le nombre qui exprime l'une est égal à un nombre
constant divisé par le nombre qui exprime l'autre.* Ce nombre
constant représente encore la valeur de la 1re grandeur qui
correspond à la valeur de la 2e qu'on a prise pour unité ; il peut
être égal à 1, si les unités se correspondent.

Un exemple suffira pour en rendre compte. Supposons qu'il
s'agisse de faire parcourir un certain trajet déterminé à des
courriers marchant uniformément ; le nombre d'heures employé
par chacun sera inversement proportionnel à sa vitesse, c'est-
à-dire au nombre de kilomètres qu'il parcourra dans une heure.
Supposons que l'un ait mis 15 heures, en faisant une lieue à
l'heure ; si un autre fait trois lieues à l'heure, c'est-à-dire 3 fois
plus, il ne mettra que le $\frac{1}{3}$ du temps, ou $\frac{15}{3}$ heures ; s'il faisait
4... 5..., etc., lieues à l'heure, il mettrait $\frac{15}{4}$... $\frac{15}{5}$ heures ;
s'il faisait $\frac{5}{4}$ de lieue à l'heure, il mettrait (**128**, 2°) $\dfrac{15^{\text{h}}}{5/4}$

c'est-à-dire, que pour trouver le nombre d'heures nécessaire au
trajet dont il s'agit, il faut diviser le nombre d'heures constant 15
correspondant à l'unité de vitesse 1 lieue, par le nombre de
lieues qui exprime la vitesse du courrier.

Si le trajet avait été parcouru en une heure, avec une vitesse
d'une lieue, le nombre constant serait une heure.

On reconnaîtrait semblablement que si l'on sait la hauteur
d'une colonne d'eau (c'est-à-dire du liquide dont la densité est
prise pour unité), qui exerce une pression hydrostatique donnée
et qu'on veuille savoir la hauteur d'une colonne d'un autre
liquide qui produirait la même pression, il suffira de diviser cette
hauteur correspondant à la densité 1, par la densité de ce nouveau liquide ; par exemple : par 13,598, s'il s'agit du mercure.

260. Inversement, *quand deux grandeurs sont tellement
liées que le nombre qui représente l'une égale un coefficient
constant, multiplié ou divisé par le nombre qui représente
l'autre, ces grandeurs sont respectivement proportionnelles,*

soit directement, soit inversement. Car un produit est directement proportionnel à chacun de ses facteurs (**46** et **68**) ; un quotient l'est inversement à son diviseur (**101**), et les grandeurs sont évidemment liées comme les quantités qui les représentent. En regardant ces quantités comme abstraites, on pourrait changer les énoncés précédents (**258** et **259**) en ceux-ci : *quand deux grandeurs sont proportionnelles directement, leurs quantités ont un rapport constant*, d'après la définition même du mot rapport ou quotient ; *si elles sont proportionnelles inversement, leurs quantités ont un produit constant*, d'après la définition d'une division : l'énoncé de la proposition réciproque (**260**) devient celui-ci : *deux grandeurs sont proportionnelles directement, quand leurs quantités ont un rapport constant, et proportionnelles inversement quand leurs quantités ont un produit constant.*

261. *Remarque.* — On observera que l'emploi de la multiplication et de la division est fondé implicitement sur ce que les grandeurs qui entrent dans les problèmes qu'on traite, sont directement ou inversement proportionnelles. Nous avons déjà montré que le sens de la multiplication généralisée, n'est qu'une traduction en d'autres termes de la proportionnalité des grandeurs (**120**).

262. On conclut de ce qui vient d'être expliqué, que *toutes les fois que deux grandeurs proportionnelles entrent dans une question, on obtient l'expression numérique d'un état quelconque de l'une, en multipliant, par l'expression numérique de l'état correspondant de l'autre, un nombre constant qui représente l'état de la première correspondant à celui de la seconde qu'on a pris pour unité.*

Si la proportionnalité est inverse, on divise au lieu de multiplier.

263. Souvent on connaît d'avance ce nombre constant ;

dans le commerce, cela a lieu; en physique, on détermine les poids spécifiques des corps, leurs capacités calorifiques, etc., en mécanique, les coefficients de frottement, etc. afin de résoudre commodément les questions relatives aux grandeurs qui dépendent de celles-là par une seule opération.

Quand on ne connaît pas ce nombre constant, dans la question qu'on traite, on cherche à le déterminer et l'on a ordinairement pour cela (ou bien on les demande à l'expérience), les valeurs simultanées d'un état de l'une des grandeurs et d'un état correspondant de l'autre.

Par exemple, s'il s'agit de transformer des degrés du thermomètre de Réaumur, en degrés centigrades, on sait que 80 degrés Réaumur correspondent à 100 degrés centigrades, et l'on en conclut que 1 degré Réaumur vaut $\frac{100}{80}$ ou $\frac{5}{4}$ de degré centigrade ; ce nombre $\frac{5}{4}$ est le coefficient constant qu'il faut multiplier par le nombre de degrés Réaumur, pour avoir le nombre de degrés centigrades correspondant. Ainsi 20 degrés Réaumur valent $\frac{5}{4} \times 20$ ou 25 degrés centigrades.

264. Il existe tout un genre de questions analogues à la précédente; j'entends des questions *où il n'entre que deux grandeurs proportionnelles, soit directement, soit inversement, chacune sous deux états différents qui se correspondent. L'inconnue est l'expression numérique de l'un des états d'une de ces grandeurs.* Les questions les plus usuelles sont de ce genre.

Quelques problèmes, très simples, vont nous conduire à la règle, très-simple aussi, qu'on applique pour les résoudre toutes.

PROBLÈME 1. — *8 mètres d'étoffe ont coûté 5 francs, que coûtent 9 mètres de la même étoffe?*

SOLUTION. — Je commence par observer que, d'après l'usage du commerce, le prix de la quantité achetée est directement proportionnel à la longueur de cette étoffe ; ceci reconnu, je cherche le prix correspondant à l'unité de longueur, à 1 mètre ; ce sera 5 francs divisés par 8 ou $\frac{5}{8}$ de francs ; voilà notre nombre constant; alors (**262**) le prix de 9 mètres est $\frac{5}{8} \times 9$, qu'on peut écrire

$$5 \times \frac{9}{8} \dots\dots\dots \text{(A)}$$

ou, en effectuant, 5,625; les 9 mètres coûtent donc 5 francs 62 centimes et demi.

PROBLÈME 2. — *Une locomotive a parcouru 162 kilomètres en 6 heures, combien en parcourrait-elle en 8 heures? On admet que la vitesse demeure constante pendant le trajet.*

SOLUTION. — Avec cette hypothèse, la distance parcourue est proportionnelle directement au temps employé; donc, dans 1 heure, la locomotive parcourra 162 kilomètres divisé par 6, ou $\frac{162}{6}$; c'est notre nombre constant, et, dans 8 heures, elle parcourra $\frac{162}{6 \times 8}$, qu'on peut écrire

$$162 \times \frac{8}{6} \dots\dots\dots \text{(B)}$$

en effectuant, on trouve 216; la locomotive parcourrait donc 216 kilomètres.

PROBLÈME 3. — *Avec une certaine quantité de laine, on a fait 12 mètres d'un tissu à 52 centimètres de large, combien de mètres du même tissu ferait-on avec la même laine, si on lui donnait 63 centimètres de large?*

SOLUTION. — Si le tissu est de même finesse, et qu'il devienne 2 fois, 3 fois... plus large, on n'en fera, avec la même laine, que la $\frac{1}{2}$, le $\frac{1}{3}$... de la longueur primitive, c'est-à-dire que la longueur et la largeur sont inversement proportionnelles; si donc le tissu n'avait que 1 centimètre de large, on en ferait 12 mètres multiplié par 52, ou 12×52; c'est notre nombre constant, et par suite, pour une largeur de 63 centimètres, on en fera 12×52 divisé par 63, ce qu'on peut écrire

$$12 \times \frac{52}{63} \dots\dots\dots \text{(C)}$$

le calcul effectué donne 9,90, en s'arrêtant aux centièmes; on ferait donc 9 mètres 90.

Problème 4. — *On a employé 20 ouvriers pour faire un travail, en 12 jours; combien faudra-t-il d'ouvriers pour faire un pareil travail en 10 jours ?*

Solution. — Si la durée du travail devient 2... 3... fois plus grande, le nombre d'ouvriers nécessaire deviendra $\frac{1}{2}$... $\frac{1}{3}$... de ce qu'il était d'abord; ainsi le nombre de jours et le nombre d'hommes sont inversement proportionnels. Par conséquent, pour faire le travail en 1 jour, au lieu de 12, il faudrait 20 hommes multiplié par 12, 20×12, c'est notre nombre constant; et, pour le faire en 10, il suffira de 20×12 divisé par 10

$$20 \times \tfrac{12}{10} \ldots \ldots (D)$$

le calcul donne 24. Il faudra donc 24 ouvriers. (1)

---

(1) Dans les problèmes précédents, après avoir reconnu la proportionnalité directe ou inverse qui existe entre les grandeurs, on pourrait achever très-simplement ainsi.

Problème 1. — La 2ᵉ quantité d'étoffe étant les $\frac{3}{8}$ de la 1ʳᵉ, son prix sera les $\frac{9}{8}$ de 5 francs, ou 5 francs $\times \frac{9}{8}$ (nº 120).

Problème 2. — Le 2ᵉ intervalle de temps étant les $\frac{8}{6}$ du 1ᵉʳ, l'espace parcouru dans cet intervalle sera les $\frac{8}{6}$ de 162 kilomètres, ou $162 \times \frac{8}{6}$.

Problème 3. — La 2ᵉ largeur étant les $\frac{63}{52}$ de la 1ʳᵉ, la 2ᵉ longueur sera les $\frac{52}{63}$ de 12 mètres, ou $12 \times \frac{52}{63}$.

Problème 4. — Le 2ᵉ nombre de jours est les $\frac{10}{12}$ du 1ᵉʳ; donc le 2ᵉ nombre d'ouvriers sera les $\frac{12}{10}$ de 20, ou $20 \times \frac{12}{10}$.

On arrive ainsi directement aux formes (A) (B) (C) (D) des résultats, ce qui est un avantage; cette méthode est fondée directement et immédiatement sur l'idée elle-même de proportionnalité; elle est au moins aussi simple que la précédente; en outre, elle évite un inconvénient que présente la 1ʳᵉ. Il arrive en effet, souvent, qu'en appliquant la réduction à l'unité, on passe par un intermédiaire inexact, parce que deux grandeurs peuvent être proportionnelles entre certaines limites et ne pas l'être au-delà (les sciences, leurs applications, les questions les plus ordinaires nous en offrent de fréquents exemples.) Si alors l'unité à *laquelle on réduit* se trouve au-delà de ces limites imposées par la question elle-même, on applique à tort cette méthode de réduction. Par exemple : S'il est vrai, en général, que le travail dont sont capables plusieurs ouvriers est proportionnel à leur nombre, cela devient souvent faux,

En réfléchissant aux solutions que nous venons de donner et en généralisant leurs résultats, on conclut aisément que, dans toutes les questions du même genre (**264**),

Règle. — *Pour obtenir l'inconnue, on multiplie la quantité connue de même espèce qu'elle par le rapport des deux autres quantités de la question, en prenant pour numérateur celle qui correspond à l'inconnue quand la proportionnalité est directe, en la prenant au contraire pour dénominateur si la proportionnalité est inverse.*

Bien entendu qu'avant d'appliquer cette règle, il faut avoir reconnu préalablement que les deux grandeurs sont proportionnelles au moins entre des limites qui ne dépassent pas les valeurs qu'elles ont dans la question.

Application 1. — *Dans une presse hydraulique, la surface du petit piston est de 30 centimètres carrés; celle du grand 4260; on exerce, sur le 1er, une pression de 18 kilogrammes; quelle est la pression exercée sur l'autre?*

Solution. — On apprend en hydrostatique que la pression transmise dans cette machine est proportionnelle directement à la surface; donc en désignant, pour abréger, l'inconnue par x

$$x = 18 \cdot \tfrac{4260}{30} \quad \text{ou} \quad x = 2556$$

la pression transmise est de 2556 kilogrammes.

Application 2. — *Un gaz sec occupe dans un vase extensible un volume de 2,5 litres, sous une pression de 76 centimètres de*

parce qu'il y a des travaux dans lesquels 1 homme, ou un petit nombre demeurent totalement impuissants, ou ont besoin d'engins nouveaux qui changent les conditions du travail, de sorte qu'1 homme, dans ces circonstances nouvelles, ne produit plus le $\frac{1}{20}$ du travail utile de 20 hommes dans les 1res circonstances; tandis qu'en restant dans les mêmes circonstances, il est fort possible que les 25 hommes produisent les $\frac{25}{20}$ du travail utile de 20 hommes, ou les $\frac{5}{4}$ de l'ouvrage. On multiplierait aisément les exemples de ce genre.

mercure; la pression change et devient de 70 c. m. ; quel volume prendra le gaz?

SOLUTION. — On voit en physique (loi de Mariotte) que, dans ces circonstances, le volume du gaz est inversement proportionnel à la pression, donc on a immédiatement

$$x = 2,5 \times \tfrac{70}{70} \ \text{ou} \ x = 2,9.$$

à 0,1 de litre près. Le volume nouveau sera donc 2,9 litres. La règle que nous venons d'appliquer, est la *règle de trois* des arithméticiens.

265. Jusqu'ici nous n'avions, dans nos problèmes, que deux sortes de grandeurs, l'inconnue ne dépendant que de la variation d'une seule grandeur proportionnelle à celle de son espèce. Mais il arrive souvent que l'inconnue dépend de la variation de plusieurs grandeurs proportionnelles séparément à celle de son espèce. Dans ce cas, on ramène la question complexe qui en résulte, à une série de questions simples qu'on traite d'après la règle qui vient d'être donnée. Ce genre de questions rentre dans la *règle de trois composée* des arithméticiens.

Quelques exemples vont nous conduire à une règle pratique qui s'applique aisément dans tous les cas.

PROBLÈME 1. — *Un courrier marchant 20 heures par jour a fait 720 kilomètres en 3 jours, combien doit-il marcher d'heures par jour pour faire 540 kilomètres en 2 jours?*

Le nombre d'heures dépend du nombre de kilomètres à parcourir et du nombre de jours; si le nombre de kilomètres à parcourir devient double ou triple, le nombre d'heures deviendra aussi double, triple; donc, il lui est directement proportionnel. Si le nombre de jours de marche devenait double ou triple, le nombre d'heures par jour, ne serait que la $\tfrac{1}{2}$, le $\tfrac{1}{3}$. Donc, il lui est inversement proportionnel.

Ceci reconnu, supposons d'abord que le nombre de jours demeurant le même, la distance à parcourir ait seule varié; nous aurons à résoudre cette question : *en marchant 20 heures par jour, un courrier parcourt 720 kilomètres : combien doit-il marcher d'heures par jour, pour en parcourir 540 dans les mêmes circonstances ?*

D'après la règle (**264**), nous aurons pour réponse :

$$20 \times \tfrac{540}{720}, \text{ ou } 15 \text{ heures.}$$

Actuellement, nous n'avons plus à résoudre que cette autre question : *Un courrier, marchant 15 heures par jour, fait un certain trajet (540 kilom.) en 3 jours, combien faut-il qu'il marche d'heures par jour pour le faire en deux jours?*

La même règle du n° **264**, donne pour réponse

$$15 \times \tfrac{3}{2} \text{ ou } 22 \text{ heures } \tfrac{1}{2}.$$

Ainsi pour parcourir les 540 kilomètres en 2 jours, il faut que le courrier marche 22 heures $\tfrac{1}{2}$.

Les calculs qu'on a fait pour résoudre la question, peuvent s'indiquer ainsi

$$x = 20 \times \tfrac{540}{720} \times \tfrac{3}{2} \ldots\ldots (A)$$

PROBLÈME 2. — *Avec 68 kilogrammes de laine, on a fait 12 mètres d'un tissu ayant 52 centimètres de large; quelle longueur du même tissu ferait-on avec 15 kilogrammes de la même laine, en donnant 63 centimètres de large?*

SOLUTION. — La longueur demandée dépend de la quantité de laine employée et de la largeur du tissu; or, si l'on emploie 2 fois, 3 fois plus de laine, le tissu sera 2 fois, 3 fois plus long; donc la longueur est proportionnelle à la quantité de laine; on a reconnu, dans le problème 3 (**264**), que la longueur est d'ailleurs inversement proportionnelle à la largeur.

Cela posé, admettons pour un instant que, la largeur restant la même, la quantité de laine devienne 15 kilogrammes au lieu de 8, nous aurons cette question simple : *Avec 8 kilog. de laine, on a fait 12 mètres d'un tissu, combien fera-t-on de mètres du même tissu avec 15 kilog.?*

En appliquant la règle (**264**), on a immédiatement pour réponse : $12 \times \frac{15}{8}$ ou 22,5 mètres.

Maintenant, en faisant varier la longueur, nous n'aurons plus à résoudre que cette question simple.

On a fait 22,5 mètres d'un tissu de 52 centimètres de large, avec une certaine quantité (15 kilog.) de laine, combien de mètres fera-t-on avec la même quantité, si la largeur devient 63 centimètres?

Nous aurons immédiatement pour réponse (**264**)

$$22,5 \times \frac{52}{63} \quad \text{ou} \quad 18,57 \text{ mètres}$$

en nous arrêtant aux centièmes.

La longueur du tissu a 63 centimètres de large qu'on fera avec 15 kilogrammes de laine, sera donc 18,57 mètres.

Les calculs qu'on a faits pour obtenir ce résultat, peuvent être indiqués ainsi :

$$x = 12 \times \frac{15}{8} \times \frac{52}{63} \ldots \ldots \text{(B)}$$

PROBLÈME 3. — Soit enfin une dernière question compliquée de circonstances diverses : — *15 hommes, travaillant 10 heures par jour, ont mis 36 jours à creuser un fossé de 630 mètres de long sur 1,2 mètres de large, combien 18 hommes, travaillant 8 heures par jour, mettront-ils de jours à creuser un fossé de 180 mètres de long sur 1,5 de large, la profondeur étant la même que celle du premier, mais la difficulté du 2e travail étant évaluée les $\frac{2}{3}$ de celle du 1er?*

Le nombre de jours demandé dépend à la fois du nombre

d'hommes, du nombre d'heures de travail par jour, de la longueur du fossé, de sa largeur et de la difficulté du travail.

On reconnaît aisément que le nombre de jours est proportionnel inversement au nombre d'ouvriers,

Inversement au nombre d'heures de travail journalier,

Directement à la longueur,

Directement à la largeur,

Directement à la difficulté.

Alors, en admettant d'abord que toutes les circonstances du travail restent les mêmes, hors le nombre des ouvriers, on trouve, règle (**264**), que 18 hommes emploieront un nombre de jours représenté par

$$36 \times \frac{15}{18}$$

Faisant ensuite varier la 2ᵉ circonstance, on trouve, d'après la même règle (**264**), qu'en travaillant 8 heures par jour les 18 hommes mettraient le nombre de jours précédent

$$36 \times \frac{15}{18}, \text{ multiplié par } \frac{10}{8} \text{ ou}$$

$$36 \times \frac{15}{18} \times \frac{10}{8}.$$

Partant de là, une question simple, traitée selon la règle (**264**), fait voir que pour creuser 810 mètres au lieu de 630, il faudra aux 18 hommes, travaillant 8 heures par jour, le nombre précédent $36 \times \frac{15}{8} \times \frac{10}{8}$ multiplié par $\frac{810}{630}$ ou

$$36 \times \frac{15}{18} \times \frac{10}{8} \times \frac{810}{630}.$$

De même, pour un fossé de 1,5 mètres de large au lieu de 1,2 mètres, il faudra

$$36 \times \frac{15}{18} \times \frac{10}{8} \times \frac{810}{630} \times \frac{1,5}{1,2}$$

Et enfin, puisque la difficulté est les $\frac{2}{3}$ de celle du 1ᵉʳ travail, il faudra les $\frac{2}{3}$ du nombre de jours précédents, c'est-à-dire tout compte fait

$$36 \times \frac{15}{18} \times \frac{10}{8} \times \frac{810}{630} \times \frac{1,5}{1,2} \times \frac{2}{3} \ldots\ldots \text{ (C)}$$

ou bien, en effectuant, 40 jours $+ \frac{5}{28}$.

Sans multiplier les exemples davantage, nous pouvons conclure la règle suivante, qui ressort suffisamment des explications que nous avons données et de la forme des résultats (A) (B) (C).

Règle. — Lorsque l'inconnue d'un problème dépend de la variation de plusieurs grandeurs qui lui sont liées, il faut :

1° *Reconnaître si toutes les grandeurs de la question sont proportionnelles à celle de l'espèce de l'inconnue, soit directement soit inversement.*

2° *Si elles le sont, on écrit immédiatement l'inconnue* $x =$ *la quantité connue, de même espèce qu'elle, multipliée successivement par le rapport des deux états de chaque grandeur qui a varié, en prenant pour numérateur l'expression numérique de l'état correspondant à l'inconnue, quand la grandeur est proportionnelle directement ; en le prenant pour dénominateur quand la proportionnalité est inverse.* (1)

____

(1) On aurait pu conduire le raisonnement d'une autre façon, en cherchant d'abord le nombre de jours qu'il faudrait à 1 homme, travaillant 1 heure par jour, pour creuser un fossé d'1 mètre de long sur 1 décimètre de large, dans un terrain dont la difficulté serait représentée par 1 ; on aurait trouvé, par des réductions successives à l'unité

$$\frac{36 \times 15 \times 10}{630 \times 12 \times 3}$$

(en représentant la 1re difficulté par 3, la 2e par 2.)

Ensuite, on aurait cherché successivement combien de jours il faudrait à

Remarque 1. — Nous observerons que la 1re partie de la règle est indispensable, puisque cette règle ne s'applique qu'à des grandeurs proportionnelles ; nous renvoyons à ce qui a déjà été dit (**257**), et nous insistons sur la nécessité de reconnaître, avant tout, la proportionnalité d'une manière certaine ; il ne suffit pas que si l'une des grandeurs devient *plus* grande, l'autre devienne aussi *plus* grande, pour qu'elles soient proportionnelles directement, mais il faut *qu'elles varient dans le même rapport*; c'est-à-dire qu'on se demandera si l'une devenant 2... 3... *fois plus grande*, l'autre devient aussi respectivement 2... 3... *fois plus grande*.

De même, elles ne seraient inversement proportionnelles, que si l'une devenant 2... 3..., etc., *fois plus grande*, l'autre devient respectivement 2... 3..., etc, *fois plus petite*.

Beaucoup d'énoncés de problèmes qu'on rencontre comme exercices sur la règle actuelle sont vicieux. Ainsi, il n'est point vrai que si l'on creuse un fossé, le travail soit proportionnel à la profondeur, parce que le travail du 2e mètre surpasse celui

18 hommes, travaillant 8 heures par jour... etc.; ce qui eût donné, par de nouvelles opérations successives, le nombre constant

$$\frac{36 \times 15 \times 10}{630 \times 12 \times 3} \times \frac{810 \times 15 \times 3}{18 \times 8}$$

résultat qu'on eût pu mettre, après conp, sous la forme (C).

Cette *méthode*, outre l'inconvénient mentionné dans la note du n° 264, présente encore celui de ne pas conduire immédiatement à la forme (C), qui fait ressortir l'influence de chaque élément de la question sur le résultat final. En outre, puisque l'on a donné des règles sur les questions simples, il est plus conforme à l'esprit des méthodes mathématiques de ramener les questions les plus compliquées à une série de questions simples, que de refaire un raisonnement nouveau fort complexe, dans lequel on ne profite pas des règles déjà établies. Dans les sciences d'observation, on suit une marche analogue à celle du texte, quand on étudie successivement et indépendamment l'une de l'autre toutes les circonstances diverses qui influent sur un phénomène complexe dont on cherche la loi générale.

du 1er dé toute la quantité dépensée à élever les terres d'un mètre de plus; il en serait de même de la hauteur d'un mur. Il ne serait pas vrai non plus que le travail nécessaire pour creuser un puits soit proportionnel à son diamètre... etc,.

Il faut donc, quand on a des questions à traiter, prendre grand soin de ne pas attribuer sans réflexion aux grandeurs des relations qui ne leur conviennent point.

Remarque 2. — Pour trouver rapidement l'inconnue d'une question rentrant dans la catégorie de celles que nous traitons, surtout si les éléments de la question sont nombreux, il est commode d'écrire les données qui se rapportent aux deux circonstances générales de la question sur deux lignes, en mettant les nombres de la même espèce l'un sous l'autre ; ainsi, dans le dernier problème, on écrirait :

15 hommes	10 heures	36 jours	630 m. de long	1^m,2 de large	3
18	8	x	810	1, 5	2
i	i	d	d	d	d

(la difficulté du 2ᵉ travail étant les $\frac{2}{3}$ de celle du 1er, on peut représenter la 1re par 3, la 2ᵉ par 2) ;

Puis, marquant d ou i les expressions des grandeurs proportionnelles *directement* ou *inversement* à l'inconnu, il ne reste plus qu'à écrire mécaniquement $x =$ la quantité connue de même espèce multipliée par les rapports des autres deux à deux ; les nombres marqués d dans la ligne d'x ou i dans l'autre seront les numérateurs.

Ici l'on a le résultat déjà trouvé (C)

$$x = 36 \times \frac{15}{18} \times \frac{10}{8} \times \frac{810}{630} \times \frac{1,5}{1,2} \times \frac{2}{3}$$

Puis avant d'effectuer, on simplifie suivant la remarque faite au n° (**125**), où nous avons pris à dessein le même exemple, sauf que $\frac{1,2}{1,5}$ est un quotient de nombres décimaux qu'on ramène à $\frac{12}{15}$ en multipliant les deux termes par 10.

Remarque 3. — Si certaines données se trouvent fractionnaires, cela ne change rien à la règle, puisqu'on peut toujours les concevoir réduites au même dénominateur, et leur rapport serait le même que celui de leurs numérateurs nouveaux; on pourrait donc ne mettre que ces numérateurs *dans les raisonnements;* mais il est manifeste que le résultat sera le même si l'on emploie *dans le calcul* les fractions elles-mêmes; rien n'empêche donc de s'en servir suivant la règle.

Ainsi, dans le cas actuel, au lieu de $\frac{15}{10}$ et $\frac{12}{10}$ de mètres, rien n'empêche de considérer en changeant d'unité 15 dixièmes et 12 dixièmes; et alors le rapport qui entrera dans la formule finale sera $\frac{15}{12}$; mais il est clair que le rapport $\frac{15/10}{12/10}$ ou $\frac{1,5}{1,2}$ est absolument le même; il n'y a donc aucune raison pour ne pas l'employer immédiatement quand on compose le résultat final.

En général, il faut indiquer tous les calculs de la question avant d'en effectuer aucun; on évite ainsi de faire des opérarations inutiles; souvent l'on aperçoit des artifices de calcul qui conduisent plus simplement au résultat. Cette observation s'applique à tous les problèmes où il y a une série de calculs successifs à effectuer.

INTÉRÊTS SIMPLES.

266. Une application importante de la règle précédente se rencontre dans les calculs d'intérêts.

DÉFINITIONS. — On nomme *intérêt d'un capital* le bénéfice qu'on retire de ce capital qu'on a prêté, ou mieux, *loué*.

L'intérêt se règle d'après *le taux*, c'est-à-dire l'intérêt conventionnel que rapportent 100 francs pendant une année. Si par ex. : 100 francs en rapportent 5, le taux est dit 5 pour 100, on l'écrit 5 p. %. Autrefois on indiquait la fraction du capital qu'on retirait comme intérêt; si 20 livres rapportaient 1 livre, on disait l'intérêt *au denier* 20.

Passé 5 p. % (et 6 p. % dans le commerce), le taux est regardé, en France, comme *usure*, et le bénéfice qu'on retire de son argent comme illégitime.

Le taux une fois convenu, l'intérêt est *proportionnel* au *capital prêté*.

Quant au temps que dure le prêt, il y a deux façons de compter l'intérêt. — Ou bien l'intérêt est *proportionnel* au temps, c'est l'*intérêt simple*. Ou bien, à la fin d'un intervalle de temps fixé, par ex. : une année, on conçoit les intérêts ajoutés au capital primitif pour porter intérêt pendant l'année suivante; au bout de celle-ci, on *capitalise* encore ces intérêts nouveaux, et ainsi de suite d'année en année. C'est l'intérêt dit *composé*.

267. Nous ne nous occuperons que de l'intérêt simple, l'autre s'en déduirait au besoin en faisant un calcul pour chaque année. Les questions d'intérêt simple rentrent dans la règle précédente, puisque toutes les grandeurs qui y entrent sont directement proportionnelles à l'intérêt.

Problème. — Soit donc cette question : *Calculer l'intérêt de 1620 francs prêtés au taux de 5 pour 100 pendant 3 ans ?*

Cette question revient à cette autre :

100 francs rapportent 5 francs dans 1 an, combien 1620 en rapporteront-ils dans 3 ans ?

En appliquant la règle du n° (**265**) on trouve immédiatement :

$$x = 5 \times \tfrac{1620}{100} \times \tfrac{3}{1} \text{ ou } x = 5 \times \tfrac{1620 \times 3}{100},$$

En effectuant, on trouve $x = 243$; l'intérêt demandé est donc 243 francs.

Règle. — D'où l'on conclut en généralisant que *l'on calcule l'intérêt d'une somme donnée en multipliant le taux par le capital, par le nombre d'années, et divisant le produit par 100.*

Notons bien que le taux étant l'intérêt de 100 francs pendant 1 *an, le temps doit être exprimé en années,* c'est-à-dire que s'il s'agit de 5 mois, le nombre d'années est $\tfrac{15}{12}$; s'il s'agit de 50 jours, le nombre d'années est $\tfrac{50}{305}$ ou $\tfrac{50}{366}$ suivant les années ; ou plutôt c'est $\tfrac{50}{360}$, car on regarde, dans ces calculs, l'année comme de 360 jours, au moins dans le commerce. Toutefois on compte les jours tels qu'ils sont : janvier avec 31 jours, février avec 28 ou 29, mars avec 31, etc.

268. **Formule générale.** — Dans les questions d'intérêt, il entre en général, comme on voit, quatre quantités : *l'intérêt,* le *taux,* le *capital,* le *nombre d'années.* Il est clair que 3 de ces éléments étant donnés, le 4ᵉ se trouve déterminé ; de là quatre problèmes généraux qu'on a besoin de résoudre, suivant qu'on cherche l'un des quatre éléments. Or, à l'aide de la règle précédente, on peut très-simplement résoudre les trois autres questions.

Représentons en effet, pour abréger l'écriture, et d'une *manière générale* (j'entends applicable à toutes les valeurs possibles de ces quantités) par i l'intérêt, par t le taux, par c le capital et par a le nombre d'années : la règle précédente n° (**267**) peut être écrite en abrégé :

$$i = \frac{t.\ c.\ a.}{100} \ldots\ldots (A)$$

On y voit immédiatement qu'i est le quotient de $t.\ c.\ a.$ par 100 ; par suite $i .\ 100 = t.\ c.\ a.$

D'où il résulte d'après la seule définition d'un quotient :

$$t = \frac{i .\ 100}{c .\ a} \ldots\ldots (B)$$

$$c = \frac{i.\ 100}{t .\ a} \ldots\ldots (C)$$

$$a = \frac{i .\ 100}{t .\ c.} \ldots\ldots (D)$$

Les expressions (A) (B) (C) (D) sont des formules, c'est-à-dire des tableaux représentant les opérations à faire pour trouver chacune des quantités $i.\ t.\ c.\ a.$, quand on connaît les trois autres. Chacune donne lieu à une traduction en langage ordinaire aisée à trouver ; la règle n° (**267**) est celle de la formule (A)

269. Application de la formule. — Pour se servir de ces formules il n'y a qu'à mettre à la place des symboles littéraux $i,\ t,\ c,\ a$, les valeurs numériques des quantités qu'ils représentent dans la question qu'on traite. Un exemple suffira pour le faire comprendre ; nous engageons le lecteur à en prendre d'autres lui-même sur ces quatre formules.

Problème. — *Quel capital faut-il prêter à 4 ½ p. °⁄₀ pendant 3 ans 5 mois pour en retirer 840 francs d'intérêt ?*

Solution. — C'est le capital qui est l'inconnue, la formule (C) est donc celle qu'il convient d'employer. Dans la question actuelle, $t = 4,5$, $i = 840$, $a = 3\,\frac{5}{12}$ ou $\frac{41}{12}$; donc, on a le capital inconnu

$$ c = \frac{840 \times 100}{4,5 \times \frac{41}{12}} $$

ou succesivement

$$ \frac{840 \times 100}{\frac{45 \times 41}{120}} = 840 \times 100 \times \frac{120}{45 \times 41} $$

et en effectuant jusqu'aux centièmes, $C = 5073,17$.

Il faudrait donc prêter 5073,17 francs.

Tous les problêmes d'intérêt simple pourraient d'ailleurs être traités directement dans chaque cas particulier donné en appliquant la règle générale, n° (**265**).

ESCOMPTE.

270. Définition. — On nomme *escompte* une retenue que subit une créance payable au bout d'un temps déterminé, lorsqu'on veut en toucher la valeur avant l'échéance.

Pour nous faire comprendre, supposons un particulier qui possède une créance de 940 francs, payable seulement dans 8 mois; il a besoin actuellement d'argent pour ses affaires, comme il ne peut exiger de paiement de sa créance avant les 8 mois révolus, il échange à un banquier cette créance contre de l'argent comptant. Celui-ci va débourser une somme qui ne lui sera rendue que dans 8 mois; s'il donnait actuellement les 940 francs, il en perdrait les intérêts pendant 8 mois, il faut donc qu'il donne seulement, en échange de la créance, une somme telle qu'ajoutée à ses intérêts pendant 8 mois, elle reproduise les 940 francs.

La somme qu'il doit donner est la *valeur actuelle* de la créance, 940 francs est la *valeur nominale* inscrite sur le *billet*, dans lequel le débiteur reconnaît qu'il doit cette somme, et la différence des deux valeurs ou la retenue que fait le banquier est l'*escompte*.

271. Soit 5 p. % le taux de l'intérêt et désignons, pour abréger, par x la somme à payer ; son intérêt, pendant 8 mois, sera (formule (A) n° **268**) $\dfrac{5 \cdot x \cdot {}^{8}\!/_{12}}{100} = 0{,}05 \cdot x \cdot {}^{8}\!/_{12}$, et par conséquent, d'après ce qu'il vient d'être dit, il faut que $x + 0{,}05 \cdot x \cdot \frac{8}{12}$ ou $x \times (1 + 0{,}05 \times \frac{8}{12})$ fasse 940 fr ; donc x est le quotient de 940 par $(1 + 0{,}05 \times \frac{8}{12})$

$$x = \frac{940}{1 + 0{,}05 \cdot {}^{8}\!/_{12}}$$

c'est-à-dire que, *pour avoir la valeur actuelle du billet, il suffit de diviser sa valeur nominale par l'unité augmentée de l'intérêt de 1 franc pendant le temps qui va s'écouler jusqu'à l'échéance.*

C'est là ce qu'on devrait faire pour une exactitude complète.

272. Mais les commerçants et les banquiers calculent l'escompte comme égal à l'intérêt de la valeur nominale elle-même pendant le temps qui reste à s'écouler jusqu'à l'échéance.

Il est clair que cette retenue surpasse la précédente de l'intérêt de la différence entre la valeur nominale et la valeur actuelle.

Pour eux, calculer un escompte, c'est calculer un intérêt ; ainsi, dans la question qui nous occupe, l'escompte est (n° **267**)

$$5 \times \frac{940 \cdot \frac{8}{12}}{100} \text{ ou } 0{,}05 \times 940 \times \frac{8}{12}$$

ce qui fait après réductions $31^f,33$; la valeur actuelle dans ce système est égale à $940 - 0,05 \times 940 \times \frac{8}{12}$ ou $940 \left(1 - 0,05 \times \frac{8}{12}\right)$

Ce qu'on traduit en cet énoncé :

Pour avoir la valeur actuelle d'un billet dans le système d'escompte commercial, il faut multiplier le capital par l'unité, diminuée de l'intérêt d'un franc pendant le temps qui reste à courir jusqu'a l'échéance.

273. Dans les questions d'escompte comme dans celles d'intérêt, on peut avoir comme inconnue, soit l'escompte, soit le taux, soit le temps, soit enfin le capital nominal ou actuel. Nous ne voulons point résoudre toutes ces questions particulières diverses. Dès qu'on saura bien ce qu'on se propose de calculer, on y arrivera sans peine au moyen des règles et des formules données précédemment.

PARTAGES PROPORTIONNELS.

274. Problème. — *On propose de partager 60 fr. en trois parties qui soient proportionnelles aux nombres 5, 4, 3 ; quelle sera la valeur de chaque partie?*

Solution. — La 2e part doit être les $\frac{4}{5}$ de la 1re, la 3e en sera les $\frac{3}{5}$, et d'ailleurs, cette 1re est les $\frac{5}{5}$ d'elle-même ; ainsi il y aura dans 60 $5 + 4 + 3$ ou 12 fois le $\frac{1}{5}$ de la 1re partie ; dont 5 fois formeront la 1re partie, 4 la 2e, et 3 la 3e, c'est-à-dire finalement que :

La 1re vaut les $\frac{5}{12}$ de 60 ou $60 \times \frac{5}{12}$ ou 25 fr.

La 2e — les $\frac{4}{12}$ de 60 ou $60 \times \frac{4}{12}$ ou 20

La 3e — les $\frac{3}{12}$ de 60 ou $60 \times \frac{3}{12}$ ou 15.

En généralisant, on conclut cette règle :

Règle. — *Pour calculer chaque part, multipliez le nombre*

à partager par une fraction qui a pour numérateur le nombre donné proportionnel à la part que vous cherchez, et pour dénominateur, la somme des nombres proportionnels donnés.

Observons que le calcul (surtout si les parts sont nombreuses) sera plus commode si l'on calcule d'abord le quotient du nombre à partager par la somme des nombres proportionnels, ce sera un coefficient constant, qu'il n'y aura plus qu'à multiplier par chacun des nombres donnés. Cette règle est d'un fréquent usage.

275. Ainsi, dans les *sociétés* qui se forment pour les entreprises industrielles ou commerciales, les associés se partagent les bénéfices ou les pertes proportionnellement à leurs mises de fonds, c'est-à-dire aux capitaux qu'ils engagent; et si les mises ne demeurent pas le même temps dans la société, le partage est en outre proportionnel au temps que les capitaux sont restés engagés. D'où il résulte que *les parts sont proportionnelles* (n° **257** Rem.) *au produit des valeurs des mises par celles des temps qu'elles sont restées dans la société.* Il est entendu que toutes les mises doivent être évaluées avec la même unité, et qu'il en est de même de tous les temps.

Voici un exemple de ce genre de questions :

PROBLÊME. — *Trois personnes ont mis en société : la 1re 6000 fr. pendant 2 ans 8 mois, la 2e 7000 fr. pendant 2 ans, la 3e 8000 fr. pendant 15 mois. La société a fait un bénéfice de 5800 fr., on propose de faire le partage.*

Exprimant le temps en mois, on voit que les parts doivent être proportionnelles aux nombres 6000×32, 7000×24, 8000×15, ou en les divisant tous par 1000, par 2 et par 3, ce qui ne fait rien aux rapports de ces nombres, à 32, 28 et 20; on a donc, d'après la règle (n° **274**) pour les valeurs des 3 parts :

$$1^{re}\ldots\ldots \quad \frac{5800 \times 32}{80} \quad \text{ou } 2320.$$
$$2^{e}\ldots\ldots \quad \frac{5800 \times 28}{80} \quad \text{ou } 2030.$$
$$3^{e}\ldots\ldots \quad \frac{5800 \times 20}{80} \quad \text{ou } 1450.$$

Les associés retireront donc respectivement 2320 fr., 2030 fr. et 1450 fr.; ce qui fait bien en tout 5800 fr.

276. Lorsqu'il s'agit de répartir la contribution foncière d'un état, c'est une question de partage proportionnel qu'on a à résoudre.

Ainsi, la valeur totale de la contribution dont le Gouvernement peut avoir besoin dans l'année est partagée au ministère des finances en 86 parties proportionnelles aux revenus présumés des 86 départements.

La part de chaque département est partagée à la préfecture en autant de parties qu'il y a d'arrondissements et proportionnellement à leurs revenus.

Puis à la sous-préfecture de chacun, on subdivise sa part en autant de parties qu'il renferme de communes, proportionnellement à leurs revenus.

Enfin, la contribution de la commune est partagée aux propriétaires, proportionnellement à la valeur présumée de leurs propriétés.

Cela fait, les percepteurs recueillent la contribution des communes de leur circonscription, la versent dans les caisses des receveurs d'arrondissements ; ceux-ci transmettent leurs recettes dans celle du receveur-général de leur département, et les receveurs généraux envoient leurs recettes dans la caisse de l'État.

C'est d'une façon analogue qu'on répartit le contingent des hommes que le sort désigne, chaque année, pour faire partie de l'armée appelée à la défense du pays.

FIN.

APPENDICE.

USAGE DES TABLES DE LOGARITHMES

POUR ABRÉGER LA MULTIPLICATION, LA DIVISION, L'ÉLÉVATION
AUX PUISSANCES, L'EXTRACTION DES RACINES. (1)

277. On appelle *logarithmes* des nombres, d'autres nombres qui en dépendent d'une manière que nous ne pouvons faire connaître ici et qui jouissent entr'autres propriétés des suivantes :

1° Le logarithme d'un produit égale la somme des logarithmes des facteurs.

2° Le logarithme d'un quotient égale la différence entre le logarithme du dividende et celui du diviseur.

3° Le log. (2) d'une puissance d'un nombre égale celui du nombre multiplié par l'exposant de la puissance.

4° Le log. d'une racine d'un nombre égale celui du nombre divisé par l'indice de la racine.

Ces propriétés sont utilisées pour *abréger* les calculs, en remplaçant les multiplications par des additions, les divisions par des soustractions, les élévations aux puissances et les extractions de racines respectivement par des multiplications et des divisions.

278. On a construit des tables dites de *logarithmes*, au moyen desquelles on obtient les logarithmes des nombres. Nous suppo-

---

(1) Il n'entre pas dans notre cadre de donner ici une définition, ni une théorie des logarithmes.

(2) On écrit abréviativement *log.* pour *logarithme*.

serons, dans ce qui va suivre, que le lecteur a entre les mains les tables de Lalande à 5 décimales.

Chaque page renferme trois systèmes de chacun trois colonnes ; la 1re, intitulée *nomb.*, contient, dans toute l'étendue des tables, la suite naturelle des nombres entiers jusqu'à 10000 ; la 2e, intitulée *logarit.*, les *logarithmes de ces nombres* : le log. de 1 est 0, les log. de 10, 100, 1000, 10000 sont 1, 2, 3, 4 ; ce sont les seuls entiers ; dans les autres, on remarquera une partie entière et une partie décimale; la partie entière, nommée *caractéristique*, est 0 pour les log. des nombres moindres que 10 ; elle est 1 pour ceux entre 10 et 100 ;   2 entre 100 et 1000 ;   3 entre 1000 et 10000 , c'est-à-dire que la *caractéristique du logarithme d'un nombre renferme autant d'unités, moins une, qu'il y a de chiffres entiers dans le nombre ;* c'est une propriété générale pour les logarithmes de tous les nombres , même ceux qui ne sont pas dans la table. On aurait pu se dispenser de mettre la caractéristique dans les tables.

279. Si l'on examine les log. de 100, 101, 102... et ceux des nombres dix fois plus grands 1000, 1010, 1020..., on trouve que ces logarithmes ne diffèrent que par la caractéristique. C'est encore une propriété générale qu'on peut énoncer ainsi : *Quand on multiplie ou qu'on divise un nombre par une puissance de 10, la partie décimale du logarithme ne change pas, la caractéristique seule est augmentée ou diminuée de l'indice de cette puissance de 10.*

280. Dans la 3e colonne, il n'y a rien pour les premières pages ; plus loin, cette colonne est intitulée D ; elle contient alors les différences entre les logarithmes consécutifs écrits dans la table. On peut remarquer que ces différences changent de moins en moins souvent à mesure qu'on prend des nombres plus élevés dans la table; d'où il résulte que les différences des logarithmes s'approchent de plus en plus d'être constantes comme celles des nombres entiers consécutifs , ou, en d'autres termes, d'être proportionnelles à celles des nombres. Car il est clair que si elles étaient tout-à-fait constantes, lorsqu'un nombre varierait de 1, 2, 3..., etc. unités, le logarithme varierait de 1, 2, 3... fois la différence constante; la différence des logarithmes serait donc proportionnelle à la différence des nombres. Cette proportionnalité n'a pas lieu rigoureusement; mais lorsqu'il s'agit de nombres peu différents l'un de l'autre, (différant par ex. de moins d'une unité), on la regarde comme exacte, et il n'en résulte pas d'erreur appréciable.

281. Ceci posé, nous avons deux problèmes préliminaires à résoudre : 1° *Trouver, au moyen des tables, le logarithme d'un nombre donné;* 2° *Trouver, au moyen des tables, le nombre correspondant à un logarithme donné.*

1° (A) Si le nombre est entier plus petit que 10000, son logarithme est dans la table ; ainsi le log. de 2486 est 3,39550. (1)

(B) Si le nombre est entier et plus grand que 10000, par exemple : 248564, on ne trouve pas immédiatement son logarithme dans la table. Mais on le calcule de la manière suivante. On écrit d'abord la caractéristique 5 (**278**), puis on sépare par une virgule les 4 premiers chiffres à gauche 2485,64 et l'on cherche la partie décimale du logarithme du nombre de 4 chiffres 2485 ainsi séparé. On trouve 0,39533 ; d'où l'on conclut (**279**) que le logarithme de 248500 est 5,39533. Mais celui de 248564 surpasse le précédent d'une quantité que nous allons calculer approximativement, au moyen de la remarque (**280**) sur les différences des logarithmes. Nous trouvons dans la table (colonne D) que la différence entre *log.* 2485 et *log.* 2486 est 17 unités du 5° ordre décimal, c'est aussi (**279**) la différence entre *log.* 248500 et *log.* 248600. Par conséquent, nous avons à résoudre cette question : *pour une différence de 100 entre les nombres, la différence entre les log. est 17; pour une différence*

____

(1) On lit ce log. ainsi : *trois, trente-neuf, cinq cent cinquante*, c'est plus facile à retenir de mémoire.

de 64 entre les nombres, quelle sera celle entre les logarithmes?
En admettant que les différences des logarithmes sont proportionnelles à celle des nombres (**280**), cette question est une règle de trois simple qui donne $17 \times \frac{64}{100}$ ou 10,88, ou en ne conservant que les deux premiers chiffres 11 unités du 5ᵉ ordre décimal; par conséquent, en ajoutant cette correction à 5,39533, on a pour *log.* 248564 le nombre 5,39544.

(C) Si le nombre est décimal et plus grand que 1, par exemple : 24,8564 ; on peut le regarder comme le quotient de son numérateur 248564 par son dénominateur 10000 ; alors (**277**) son logarithme égale celui du numérateur 5,39544 (précédemment calculé) moins celui du dénominateur 4 (**278**), ou 1,39544.

On aurait pu voir immédiatement que le nombre étant compris entre 10 et 100, son logarithme a pour caractéristique 1 (**277**), et calculer ensuite la partie décimale du logarithme du nombre considéré comme entier (**279**), ainsi que cela a été enseigné (B).

Remarque. — Si le nombre est décimal moindre que 1, la méthode précédente ne s'applique pas, puisque le logarithme du dénominateur est plus grand que celui du numérateur dont on devrait le soustraire. Nous éviterons cette espèce de difficulté, en observant que *pour l'usage que nous voulons faire des logarithmes*, un logarithme n'est qu'un nombre auxiliaire et jamais le résultat d'un calcul ; par conséquent, il nous sera toujours aisé, par un déplacement de virgule, de faire en sorte que le nombre décimal donné devienne plus grand que 1, et après l'avoir employé comme tel dans nos calculs, il sera facile, par un nouveau déplacement de virgule dans le résultat, de le ramener à sa véritable valeur.

2° Il n'y a pas lieu de s'inquiéter de la caractéristique des tables ; celle du logarithme donné indique le nombre de chiffres entiers qu'il faut donner au nombre quand on en a trouvé les chiffres (**278**).

(A) Si le log. donné a sa partie décimale comprise dans la table, on trouve immédiatement les chiffres du nombre, puis on détermine le nombre des chiffres entiers d'après la caractéristique. Exemple : soit 5,41397 un logarithme ; en cherchant dans la table entre 1000 et 10000 (colonne *logarit.*), on découvre le logarithme 3,41397 qui correspond au nombre 2594 ; comme la caractéristique donnée est 5, le nombre doit avoir 6 chiffres entiers, c'est donc 259400 approximativement. Si le log. donné eût été 1,41397, on eût cherché de même entre 1000 et 10000, on eût trouvé la même chose 3,41397, mais le nombre n'eût été que 25,94.

(B) Si le log. n'est pas dans la table, par exemple : 5,41402, on cherche (toujours entre 1000 et 10000) le log. dont la partie entière approche le plus de celui-là par défaut, on trouve 3,41397 qui correspond à 2594, ce qui ferait 259400 pour le nombre correspondant à 5,41397. Mais puisqu'on a pris un log. trop petit, il en est de même du nombre trouvé ; nous calculons la correction à lui faire au moyen de cette *règle de trois* (**280**) : pour *une différence* 17 *entre les logarithmes* (17 est la *différence tabulaire*, colonne D) *la différence est* 100 *entre les nombres* (259400 et 259500), *pour une différence* 5 *entre les logarithmes* (5,41402 — 5,41397), *quelle sera la différence entre les nombres ?*

Ce sera 100 $\times \frac{5}{17}$, ou $\frac{500}{17}$, ou enfin 29... en s'arrêtant aux 2 premiers chiffres ; en ajoutant cette correction au nombre déjà trouvé, on obtient finalement 259429 pour le nombre cherché.

282. Passons actuellement à l'emploi des logarithmes pour les opérations mentionnées.

Multiplication. — Le principe a été indiqué (**277**) ; pour *multiplier deux nombres l'un par l'autre, il suffit de chercher les logarithmes de ces nombres* (**281**, (A) (B) (C) et rem.), *puis on les additionne, et leur somme représente le log. du produit demandé ; il suffit donc de chercher ce nombre à l'aide des tables.*

L'application de ce procédé ne peut offrir de difficulté si les facteurs sont entiers ou décimaux plus grands que 1 ; dans le cas où ils seraient décimaux moindres que 1, voici un exemple qui expliquera suffisamment comment il faut se conduire.

Soit $0,54329 \times 0,0432856$; nous chercherons, à l'aide de nos tables, les logarithmes de 54329 et de 432856 numérateurs de nos fractions décimales : voici la disposition des calculs.

$$log. \quad 54320 = 4,73496 \qquad \text{calcul de la correction:}$$
$$\text{Correction pour} \quad 9 = \quad 7 \qquad \text{D. tabulaire 8,}$$
$$log. \quad 54329 = 4,73503 \qquad \text{correction } 8 \times \tfrac{9}{10} = 7,2.$$

$$log \quad 432800 = 5,63629$$
$$\text{Correction pour} \quad 56 = \quad 6 \qquad \text{D. tab. 10}$$
$$log. \quad 432856 = 5,63635$$

$$log. \ (54329 \times 432856) = 4,73503 + 5,63635 = 10,37138.$$

Cherchons le nombre qui correspond à ce logarithme.

$$10,37125 = log. \ 23510000000 \qquad \text{calcul de la correction :}$$
$$\text{Correct. p}^{\text{r}} \ 13 = \qquad 6800000 \qquad \text{D. tab. 19 corresp. à 1 unit. du 8}^{\text{e}} \text{ ord.}$$
$$\qquad\qquad\qquad\qquad\qquad\qquad \text{Correct. } \tfrac{13}{10} = 0,68 \text{ de cette unité.}$$
$$10,37138 = log. \quad 23516800000$$

le produit approché des numérateurs est donc 23516800000 ; en y séparant les 12 chiffres décimaux qu'exige la règle de la multiplication (**141**), il vient, pour le produit cherché

$$0,0235131.$$

N. Si les facteurs sont des fractions ordinaires, on sait (**121**) que l'opération se ramène à des produits de nombres entiers qu'on divise l'un par l'autre ; nous renvoyons donc à la division pour ce cas.

DIVISION. — Le principe (**277**) conduit à cette règle : *pour calculer le quotient de deux nombres, cherchez le logarithme* *du dividende, celui du diviseur ; soustrayez celui-ci de celui-là ; la différence est le logarithme du quotient ; il n'y a plus qu'à chercher ce quotient à l'aide des tables.*

Le seul cas où l'on puisse éprouver quelque difficulté serait celui où le dividende, le diviseur et le quotient se trouveraient soit tous, soit l'un ou l'autre plus petits que 1. Nous allons prendre un exemple où tous les trois le seront.

Soit 0,0432856 : 0,54329. Considérons le diviseur comme entier 54339 et rendons le dividende entier et assez grand pour qu'il contienne ce diviseur ; il suffit ici de le prendre sans virgule 432856 (avec des chiffres de moins, il eût fallu lui mettre des zéros à droite). Nous allons donc calculer le quotient 432856 : 54329, et comme il sera 100 fois plus grand que le quotient cherché, il suffira de le rendre 100 fois plus petit pour obtenir ce dernier.

Or, on trouve *log.* 432856 = 5,63635 et *log.* 54329 = 4,73503 ; soustrayant le 2e du 1er, on a 0,90132 pour le log. du quotient $\frac{432856}{54329}$; on trouve, à l'aide des tables, que ce logarithme correspond au nombre 7,9675 ; donc le quotient cherché de

$$\frac{0,0432856}{0,54329} \text{ est } 0,079675.$$

S'il s'agissait du quotient de deux fractions, on aurait à calculer le produit de la première par la seconde renversée ; on calculerait la somme des logarithmes des numérateurs qui constituent le numérateur du produit, on en soustrairait celle des log. des dénominateurs, en prenant toutefois les précautions indiquées pour que le quotient qu'on calcule par logarithmes soit plus grand que 1.

ÉLÉVATION AUX PUISSANCES. — *Pour élever un nombre à une puissance donnée, il suffit de multiplier le log. du nombre par le degré de la puissance ; le produit sera le log. de la puissance* (**277**).

EXTRACTION DES RACINES. — *Pour obtenir la racine de degré donné d'un nombre, on divise son logarithme par l'indice de la racine; le quotient est le logarithme de la racine cherché* (**277**).

Les seules précautions à prendre consistent à éviter par des déplacements de virgule, d'employer ou de calculer par logarithmes des nombres moindres que 1, ce qui est toujours facile. Les exemples précédents nous paraissent suffire pour indiquer la marche à suivre en pareil cas.

Toutefois, il existe des procédés plus simples, moins artificiels pour effectuer les calculs dans ces cas que nous regardons ici comme exceptionnels ; mais il n'entre pas dans notre cadre de les expliquer.

DE LA RÈGLE A CALCUL.

283. La règle à calcul est une sorte de table de logarithmes portative, à l'aide de laquelle on peut faire rapidement des calculs qui n'exigent pas une erreur relative moindre que $\frac{1}{250}$ ou $\frac{1}{300}$ environ du résultat.

Elle consiste en une règle portant une rainure longitudinale dans laquelle peut glisser une coulisse ou réglette ; la règle et la coulisse portent des graduations diverses ; nous n'avons à nous occuper ici que de la graduation supérieure de la règle et de la graduation de la coulisse qui est absolument la même.

La longueur comprise entre la division 1 et une division quelconque est proportionnelle au logarithme du nombre inscrit sur cette division ; ainsi, la longueur totale de l'échelle étant 25 centimètres, et par conséquent, sa moitié 12,5 centimètres, on a pris cette longueur 12,5 cent. pour représenter le logarithme de 10, les longueurs comprises entre 1 et 2, 1 et 3, 1 et 4.... etc., sont respectivement de $12^c,5 \times$ log. 2, $12^c,5 \times$ log. 3, $12^c,5 \times$ log. 4.... etc.

Les divisions intermédiaires entre les divisions principales sont tracées d'après le même principe.

Entre deux divisions principales, il y en a d'abord 10 formées par de grands traits, elles limitent des longueurs égales à $12^c,5$ multiplié successivement par log. 1,1 log. 1,2 log. 1,3.... log. 2,1 log 2,2. log. 2,3... etc., c'est-à-dire représentant les logarithmes des nombres 1,1 1,2 1,3... 2,1 2,2 2,3... 9,9. De plus, on a subdivisé les nouveaux intervalles en 5 ou 2 parties (toujours d'après la même loi), suivant leur longueur, de sorte qu'entre 1 et 2 les distances sont proportionnelles aux logarithmes des nombres 1,02 1,04 1,06… etc., entre 2 et 3 à ceux de 2,05, 2,15 2,25… etc. ; entre 3 et 4, 4 et 5, à ceux de 3,05 3,15.. 4,05 4,15… etc.

Au-delà de 10, une échelle absolument identique à celle que nous venons de décrire la continue ; les divisions y limitent des longueurs qui sont celles de la 1re partie, augmentées de 12°,5, c'est-à-dire que ces longueurs représentent les logarithmes des nombres de 1 jusqu'à 10, augmentés du log. [de 10, ou en d'autres termes, les logarithmes des produits de ces nombres multipliés par 10, ou enfin, les logarithmes des nombres compris entre 10 et 100. On n'écrit pas ordinairement sur la règle 20, 30, 40…, on supprime le zéro, et l'on ne met que 2, 3, 4…, mais il faut concevoir que le zéro y est ; et l'on aura alors une sorte de table de logarithmes des nombres de 1 jusqu'à 100 ; non-seulement des nombres entiers, mais encore de beaucoup de nombres fractionnaires décimaux ; on peut d'ailleurs, comme nous allons le voir, y en lire, au moins approximativement, beaucoup d'autres qui n'y sont pas explicitement écrits ou indiqués par des divisions.

284. COMMENT ON LIT UN NOMBRE SUR LA RÈGLE. — On n'y peut lire que des nombres plus grands que 1, et moindres que 100. Soit, par exemple, à trouver le nombre 1,645 ; le 1 est représenté par la division marquée 1, le 6 par la 6e des grandes divisions comprises entre 1 et 2, le 4 par la 2e des petites divisions qui suivent ; quant au 5, il s'évalue à l'œil en prenant à peu près le $\frac{1}{4}$ de l'intervalle entre la division à laquelle on est actuellement arrivé et la suivante ; le point ainsi déterminé limite la longueur qui représente approximativement le logarithme de 1,645.

Soit encore 3,46 ; le 3 est écrit, le 4 se lit sur la 4e des grandes divisions, et le 6 s'estime à l'œil en prenant le $\frac{1}{5}$ environ de l'intervalle entre la petite division suivante qui correspond à 3,45 et la 5e grande qui représenterait 3,50 ; l'on a ainsi le point correspondant à 3,46; s'il y avait un chiffre de plus, on ne pourrait l'apprécier.

Ces deux exemples et tous ceux qu'on prendra montrent que l'erreur relative qu'on peut commettre à la lecture est environ $\frac{1}{300}$, un peu plus ou un peu moins selon la justesse de l'œil; on ne peut guère compter que sur le $\frac{1}{250}$.

285. MULTIPLICATION. — Ceci posé, rien de plus simple que d'effectuer une multiplication de facteurs entiers ou décimaux.

1° Supposons d'abord deux facteurs compris chacun entre 1 et 10, soit $2,45 \times 3,18$. On fait glisser le 1 de la coulisse (c'est ce qu'on nomme l'*indicateur*) sous le 2,45 de la règle; puis, cherchant sur la coulisse le 3,18, on lit au-dessus 7,80 que l'on prendra pour produit.

Soit encore $7,35 \times 8,4$.

En conduisant l'indicateur sous 7,35, on lit au-dessus du 8,4 de la coulisse le nombre 61,7 qu'on prendra pour produit.

Il est manifeste que les nombres ainsi trouvés sont les produits approchés qu'on veut avoir; le dernier 61,7, par exemple, correspond sur la règle à la *somme des longueurs* qui représentent les logarithmes des facteurs, c'est donc la longueur qui représente le logarithme du produit.

2° Si les facteurs étaient plus grands que 10 ou moindres que 1, il serait facile, en déplaçant mentalement la virgule, de les ramener à être compris entre ces limites; on ferait alors le produit et l'on replacerait la virgule mentalement.

Par ex. : soit $735 \times 0,84$, on les ramènerait à $7,35 \times 8,4$, on trouve sur la règle que ce dernier produit est 61,7; mais on a pris un multiplicande 100 fois trop petit, un multiplicateur 10 fois trop grand, le produit actuel est donc 10 fois trop petit; par conséquent, le produit cherché est 617.

286. DIVISION. — Semblablement nous examinerons 1° le cas où le diviseur et le quotient sont compris entre 1 et 10, c'est-à-dire n'ont qu'un chiffre entier, puis 2° celui où ils sont quelconques.

14

1° Soit à trouver le quotient $\dfrac{7,81}{3,18}$ on fait glisser la coulisse de manière que le diviseur 3,18 qu'on y lit soit sous le dividende 7,81 de la règle, et le nombre de la règle qui se trouve au-dessus de l'indicateur est le quotient ; c'est 2,45.

De même, si l'on veut effectuer le quotient $\dfrac{61,7}{8,4}$ on place le point de la coulisse correspondant au diviseur 8,4 sous le dividende 61,7 lu sur la règle, et le nombre 7,35 de la règle qu'on lit au-dessus de l'indicateur est le quotient.

2° Soit à diviser $\dfrac{781}{0,318}$ en ramenant le diviseur à avoir un chiffre entier, le dividende à ne pas le contenir 10 fois, pour que le quotient n'ait qu'un chiffre ou à $\dfrac{7,81}{3,18}$ qu'on trouve sur la règle égal à 2,45 ; puis, comme on a rendu le dividende 100 fois trop petit, le diviseur 10 fois trop grand, le quotient demeure 10 fois trop petit, il faut donc le rendre mentalement 10 fois plus grand, ce qui donne pour le quotient définitif 24,5.

Soit encore $\dfrac{0,617}{84}$ on le ramène mentalement à $\dfrac{61,7}{8,4}$ qu'on lit sur la règle égal à 7,35, et comme le dividende a été rendu 100 fois trop grand, le diviseur 10 fois trop petit, le quotient se trouve 1000 fois trop grand, en rétablissant mentalement sa valeur, on trouve définitivement 0,00735.

Nous ne croyons pas utile de formuler des règles pour des opérations aussi simples ; nous engageons le lecteur à s'exercer à la pratique de cet instrument ingénieux, qui, convenablement employé, peut rendre des services dans tous les cas où l'on a besoin d'effectuer rapidement sans rien écrire des calculs approximatifs.

FIN DE L'APPENDICE.

NOTES.

NOTE I.

Sur les Proportions.

Le programme d'Arithmétique ne fait pas mention des proportions, et même d'autres programmes demandent qu'on en évite l'emploi. Pourtant, comme jusqu'alors les auteurs qui ont écrit sur les sciences s'en sont servis, même dans des traités récents destinés à l'enseignement, nous croyons utile d'en dire un mot, ne fût-ce que pour rendre possible la lecture de ces ouvrages.

On appelle *proportion* l'expression de l'égalité de deux rapports ; une proportion s'écrit indifféremment de deux manières, ex. $\frac{6}{9} = \frac{2}{3}$ ou $6 : 9 :: 2 : 3$; le signe $::$ équivaut au signe $=$.

Dans chaque rapport, le 1er terme prend le nom d'*antécédent*, le 2e celui de *conséquent*. Le 1er et le 4e termes de la proportion sont *les extrêmes*, le 2e et le 3e *les moyens*. On voit très-bien d'où viennent les expressions de 4e *proportionnelle* à trois nombres, *moyenne proportionnelle*, 3e *proportionnelle* à deux nombres (n° **256**)

Ainsi, dans la proportion $\frac{2}{3} = \frac{6}{9}$, 9 est un 4e nombre qui, avec 2, 3, 6, forme une proportion.

Dans celle-ci $\frac{4}{6} = \frac{6}{9}$, 6 est une *moyenne* proportionnelle à 4 et 9, et 9 une 3e proportionnelle à 4 et 6.

On fait usage de quelques propriétés des proportions aisées à démontrer en s'appuyant sur les propositions que nous avons expliquées à propos des rapports. Nous nous bornerons à les énoncer en indiquant sommairement les raisons qui légitiment les diverses transformations qu'on leur fait subir.

1° D'abord les propriétés des n°s (**254**, **255**) s'énoncent très-simplement : *dans une proportion, le produit des extrêmes égale celui des moyens et inversement quand le produit de deux nombres égale celui de deux autres, les quatre nombres sont en proportion.* La remarque (**255**) revient à dire *qu'on peut intervertir comme on veut les termes d'une proportion, pourvu que les deux mêmes termes demeurent toujours à la fois moyens ou à la fois extrêmes.* Ces choses ont été expliquées.

2° *Quand deux proportions ont un rapport commun, les deux autres rapports forment une proportion;* puisqu'ils sont égaux au rapport commun, ils le sont aussi entre eux.

3° *Quand on multiplie deux ou plusieurs proportions par ordre,* (c'est-à-dire les termes de même rang l'un par l'autre) *les quatre produits sont en proportion.* On s'en rend compte en observant que l'opération revient à multiplier les premiers rapports de toutes les proportions d'une part, et les deuxièmes de l'autre ; les rapports produits sont évidemment égaux comme leurs facteurs.

Il résulte de là *que les carrés, les cubes, et en général, les mêmes puissances de quatre nombres en proportion sont aussi en proportion ; il en est de même, par conséquent aussi, des racines de même degré des quatre termes d'une proportion.* Ce qu'on démontre d'ailleurs directement.

4° *Si l'on divise terme à terme deux proportions, les quotients sont en proportion ;* même genre de raisonnement que pour 3°.

On peut observer que cette opération revient à une autre usitée quelquefois, qui consiste à *multiplier deux proportions en croix,* c'est-à-dire à multiplier l'antécédent de chaque rapport dans la 1re proportion par le conséquent de chaque rapport de la seconde, *et vice versâ.*

5º *Si dans une proportion on fait la somme des deux premiers termes et la somme des deux derniers, il y a proportion entre la 1ʳᵉ somme, le 2ᵉ terme, la 2ᵉ somme et le 4ᵉ terme. Il en est de même si au lieu des sommes on prend les différences.*

Ces propositions se trouvent expliquées au nº **251.**

6º Enfin, *dans toute proportion, la somme des deux premiers termes, leur différence, la somme des deux derniers, et leur différence forment une proportion.*

Voici la suite des raisonnements qui le font voir, seulement indiqués.

Soit une proportion $\frac{9}{6} = \frac{3}{2}$, il en résulte $\frac{9+6}{6} = \frac{3+2}{2}$ et $\frac{9-6}{6} = \frac{3-2}{2}$ (5º) ; puis, en changeant les moyens de place (1º) $\frac{9+6}{3+2} = \frac{6}{2}$ $\frac{9-6}{3-2} = \frac{6}{2}$, et à cause de (2º) $\frac{9+6}{3+2} = \frac{9-6}{3-2}$, et en changeant les moyens de place $\frac{9+6}{9-6} = \frac{3+2}{3-2}$. Ce qu'on voulait faire voir.

NOTE II.

Sur la Somme des Rapports inégaux additionnés terme à terme.

Soient les fractions inégales $\frac{2}{3}$ et $\frac{5}{7}$, on reconnaît que $\frac{5}{7}$ est la plus grande, à ce que le numérateur 5 est plus grand que $\frac{2}{3} \times 7$; en effet 5 surpassant le produit $\frac{2}{3} \times 7$, $\frac{5}{7}$ surpassera ce produit divisé par 7 ou $\frac{2}{3}$. On a donc

$$5 > \frac{2}{3} \times 7$$

D'ailleurs, si l'on ajoute à ces deux nombres inégaux, d'une part 2, d'autre part le nombre égal $\frac{2}{3} \times 3$, la 1re somme surpassera la seconde, ce qui s'écrit

$$2 + 5 > \frac{2}{3} \times 3 + \frac{2}{3} \times 7 \text{ ou } 2 + 5 > \frac{2}{3} \cdot (3 + 7),$$

ce qui est la même chose; et en divisant des deux parts par $3 + 7$, il vient finalement

$$\frac{2+5}{3+7} > \frac{2}{3},$$

on ferait voir semblablement que $\frac{2+5}{3+7} < \frac{5}{7}$; voici la suite des résultats par lesquels on passerait:

$$2 < \frac{5}{7} \times 3 \quad 2 + 5 < \frac{5}{7} \times 3 + \frac{5}{7} \times 7 \text{ ou } 2 + 5 < \frac{5}{7} \cdot (3 + 7)$$

d'où le résultat annoncé.

Ainsi, quand on additionne terme à terme deux fractions inégales, la fraction complexe résultante est plus grande que la
plus petite et plus petite que la plus grande des premières.

Si l'on avait à additionner terme à terme plus de deux fractions inégales, on peut concevoir qu'on les range par ordre de
grandeur, puis qu'on additionne la 1re à la 2e ; le résultat sera
plus grand que la 1re, moindre que la 2e ; additionnant la 3e à
ce 1er résultat, on en obtiendra un 2e plus grand que le 1er et
moindre que la 3e fraction, et par conséquent, compris entre
la 1re et la 3e..... en continuant de proche en proche, on obtiendra une fraction complexe finale dont la valeur sera comprise aussi entre celle de la première qui est la plus petite et
celle de la dernière qui est la plus grande.

*D'où l'on conclut que si l'on ajoute terme à terme autant de
fractions qu'on veut, la fraction résultante sera plus grande que
la plus petite et moindre que la plus grande.*

Comme cas particulier, supposons qu'on ajoute un même
nombre 5 aux deux termes d'une fraction, c'est comme si on
lui ajoutait terme à terme la fraction $\frac{5}{5}$ ou 1 ; donc le résultat
sera moins différent de l'unité que la fraction donnée, c'est-à-
dire plus grande qu'elle si elle est inférieure à 1, plus petite si
elle est supérieure à 1.

NOTE III.

Sur les Moyennes arithmétiques.

On appelle *moyenne arithmétique* de plusieurs nombres le quotient de leur somme par leur nombre.

Par ex. : les quatre nombres 3, 7, 6, 5 ont pour moyenne $\frac{3+7+6+5}{4}$ ou $5\frac{1}{4}$.

Les moyennes jouissent de deux propriétés très-simples et très-utiles.

1° *La moyenne de plusieurs quantités multipliée par leur nombre reproduit la même somme qu'elles toutes ensemble.* C'est la définition même de la moyenne autrement exprimée.

2° *La moyenne de plusieurs quantités est plus grande que la plus petite et moindre que la plus grande.* Ceci résulte de la note précédente ; car soient les quantités 3, 7, 6, 5, leur moyenne $\frac{24}{4}$ peut être considérée comme la somme des fractions $\frac{3}{4}$, $\frac{7}{4}$, $\frac{6}{4}$, $\frac{5}{4}$, ajoutées terme à terme, et par conséquent, jouit de la propriété énoncée.

Quelques exemples vont faire comprendre l'utilité qu'il y a à considérer des moyennes.

L'observation a appris que les jours solaires (c'est-à-dire les intervalles entre les passages successifs du soleil à midi) sont inégaux. Or, pour régler les horloges qui doivent marcher régulièrement, on a imaginé un jour solaire *moyen*, c'est-à-dire un jour régulier, tel que sa durée multipliée par le nombre de jours que renferme l'année, fasse la même durée que la somme des jours solaires vrais de l'année.

Quand on mesure une grandeur quelconque, malgré tous les soins dont on s'entoure, on commet des erreurs, et comme ces erreurs tiennent à des circonstances variables, il en résulte que, la plupart du temps, ces erreurs sont tantôt en plus, tantôt en moins. Par suite, si l'on réitère la même mesure 10 fois, 20 fois... on trouvera 10, 20... nombres différents, les uns probablement plus grands que la vraie mesure, les autres plus petits ; la moyenne des mesures trouvées sera donc généralement plus approchée que chacune d'elles de la mesure véritable qu'on ne peut être sûr de trouver directement dans une seule opération.

A l'aide des moyennes, on peut souvent découvrir dans un phénomène complexe les effets d'une cause régulière parmi les effets irréguliers et compliqués de causes variables, sans loi déterminée ni peut-être déterminable pour nous. Ainsi l'on a observé que, dans les régions équatoriales, la hauteur du baromètre varie régulièrement chaque jour. Dans nos climats, au contraire, le baromètre change à chaque instant sans suivre aucune loi qu'on ait pu encore déterminer. Toutefois, en observant pendant une longue suite de jours sa hauteur à 9 heures du matin par ex. et à 3 heures du soir, et en prenant des moyennes, on se débarasse des variations accidentelles et irrégulières, et l'on reconnaît qu'à 9 heures la hauteur moyenne est plus élevée qu'à 3 heures. Si l'on observe ainsi à toutes les heures de la journée, et qu'on prenne la moyenne relative à chaque heure, on met en évidence une variation régulière analogue à celle qu'on observait vers l'équateur.

Si l'on veut se faire une idée du prix du blé sur un marché, on ne s'adresse pas à un seul marchand chez qui le prix peut être accidentellement bas ou élevé, mais on les consulte autant que possible tous, et une moyenne donne le prix qui sert à établir, entre autres choses, la taxe du pain, comme si le blé se vendait rigoureusement au prix moyen.

C'est encore de la même façon que les relevés statistiques établissent l'augmentation de la durée de la *vie moyenne* en France depuis un démi-siècle, ce qui est d'accord avec l'augmentation du bien-être général.

La considération des moyennes permet ainsi de se faire une idée plus exacte des choses en écartant une foule de circonstances particulières, variables, irrégulières, sans importance pour l'ensemble, mais qui pourtant conduisent à des conclusions fausses quand on en tient compte en ne faisant, comme cela arrive trop souvent qu'un petit nombre d'observations peu exactes, d'après lesquelles on se hâte d'asseoir un jugement. Beaucoup de préjugés n'ont pas d'autre source; les moyennes en montrent les erreurs et empêchent d'y retomber.

La règle, dite de *mélange* ou d'*alliage*, n'est autre chose qu'une application des moyennes, dans laquelle on cherche la valeur moyenne d'un mélange d'après la connaissance de la valeur et de la quantité des choses mélangées, le *titre moyen* d'un alliage composé d'autres alliages dont on connaît les titres, ou inversement, la valeur, la quantité absolue ou relative des choses qu'on doit mélanger pour obtenir une quantité donnée d'un mélange dont la valeur moyenne est donnée, les titres ou les quantités des alliages qui doivent servir à faire un alliage dont la quantité et le titre moyen sont donnés. Les questions usuelles de ce genre ne présentent pas assez de difficultés pour que nous croyons utile d'en donner des exemples dans cette note; on en trouve de nombreux énoncés dans tous les recueils de problèmes d'arithmétique.

NOTE IV.

Antre Exposition des Principes sur les Errreurs relatives.

Nous jugeons utile d'indiquer une manière un peu plus élémentaire d'exposer les principes des n°ˢ **159, 160, 162, 163, 164** et **225**.

159. Multiplication. — 1° Soit uu produit de facteurs exacts,

$$4,12 \times 7,236.$$

Si nous remplaçons l'un des facteurs 4,12 par le nombre approché 4,1, l'erreur absolue commise sur ce facteur sera 0,02, et l'erreur relative $\dfrac{0,02}{4,12}$.

Le produit approché renfermera de moins que l'autre

$$0,02 \times 7,236,$$

c'est-à-dire que son erreur absolue sera égale à ce dernier nombre; par suite son erreur relative est

$$\frac{0,02 \times 7,236}{4,12 \times 7,236} \quad \text{ou} \quad \frac{0,02}{4,12}$$

absolument la même que celle du facteur inexact.

Ainsi, *quand un des facteurs est inexact, l'erreur relative du produit est égale à celle du facteur inexact.*

160. 2º — Supposons que les deux facteurs deviennent inexacts et considérons le produit approché

$$4,1 \times 7,23$$

les erreurs relatives des facteurs sont $\dfrac{0,02}{4,12}$ et $\dfrac{0,006}{7,236}$

En altérant le 1er facteur seulement, nous commettons une erreur absolue

$$0,02 \times 7,236,$$

et nous avons le produit approché $4,1 \times 7,236$.

En altérant ensuite le 2e facteur dans ce dernier produit, nous commettons une 2e erreur absolue $0,006 \times 4,1$, et nous avons le produit considéré $4,1 \times 7,23$.

Ainsi l'erreur absolue de ce produit est la somme

$$0,02 \times 7,236 + 0,006 \times 4,1$$

des deux erreurs successives, et l'erreur relative la **somme des** deux fractions

$$\frac{0,02 \times 7,236}{4,12 \times 7,236} + \frac{0,006 \times 4,1}{7,236 \times 4,12}$$

La 1re fraction est exactement l'erreur du multiplicande, la 2e est un peu moindre que celle du multiplicateu·.

Toutefois la différence $\dfrac{0,006}{7,236} - \dfrac{0,006}{7,236} \times \dfrac{4,1}{4,12}$ de ces fractions, égale au produit $\dfrac{0,006}{7,236} \times \dfrac{0,02}{4,12}$ des erreurs relatives des facteurs est beaucoup moindre que chacune d'elles, et par conséquent négligeable vis-à-vis d'elles.

Ainsi (1) la 1re étant moindre que $\dfrac{1}{1000}$, la 2e moindre que $\dfrac{21}{100}$,

____

(1) Ces réflexions appliquées à la démonstration, n° 160 (page 98), conduisent à substituer à l'énoncé donné dans le texte celui plus simple que nous donnons ici. Même remarque pour la division.

leur produit est moindre que $\frac{1}{100000}$. Or, si dans les spéculations qu'on fait sur les nombres donnés, on ne tient aucun compte d'une erreur moindre que $\frac{1}{1000}$ pour le 1er, $\frac{1}{100}$ pour le 2e, c'est-à-dire d'à peu près $\frac{1}{1000} + \frac{1}{100}$ ou environ $\frac{2}{100}$ sur le produit, il est bien clair que cette différence de $\frac{1}{100000}$ est totalement insignifiante ; aussi, en la négligeant, peut-on dire avec une exactitude suffisante que *l'erreur relative d'un produit approché est égale à la somme des erreurs relatives des facteurs.*

Nous supposons les erreurs des facteurs de même sens ; celle du produit est alors du même sens que celles des facteurs.

162. DIVISION. — On conclut de là que l'erreur relative d'un quotient est la différence entre l'erreur relative du dividende et celle du diviseur, dans le cas où cette dernière est moindre que celle du dividende et de même sens qu'elle. Mais, dans les autres cas et dans celui où le diviseur seul est inexact, cette proposition ne serait pas applicable.

Examinons donc les divers cas qui peuvent se présenter.

1° Soit un quotient exact $\frac{5,6}{3}$, supposons d'abord qu'on remplace le dividende seul par le nombre approché 5. Le quotient $\frac{5,6}{3}$ pouvant être regardé comme le produit de $5,6 \times \frac{1}{3}$, il en résulte, d'après le n° (**159**) que *si le dividende seul est inexact, l'erreur relative du quotient est la même que celle du dividende et de même sens ; ici c'est* $\frac{0,6}{3}$

163. 2° Soit actuellement le dividende exact 5,6 et le diviseur remplacé par un nombre 3,2 approché par excès, le quotient deviendra $\frac{5,6}{3,2}$ qu'on peut écrire sous la forme d'un produit

$$5,6 \times \frac{1}{3,2}$$

par conséquent (**159**) l'erreur relative du quotient sera la même que celle du facteur inexact $\dfrac{1}{3,2}$

Or, l'erreur absolue de ce facteur est par défaut

$$\frac{1}{3} - \frac{1}{3,2}$$

ou en effectuant

$$\frac{0,2}{3 \times 3,2};$$

l'erreur relative sera donc $\dfrac{0,2}{3 \times 3,2}$ divisé par $\frac{1}{3}$,

ou simplement $\dfrac{0,2}{3,2}$,

un peu moindre que l'erreur relative $\dfrac{0,2}{3}$ du diviseur.

En répétant les mêmes réflexions que pour la multiplication (**160**), on peut dire qu'elle lui est égale.

Par conséquent, *lorsque le diviseur seul est inexact, l'erreur relative du quotient égale celle du diviseur*, et elle est en sens inverse.

164. 3° Soient enfin les deux termes du quotient approchés, le dividende par défaut 5, le diviseur par excès 3,2; le quotient approché sera $\dfrac{5}{3,2}$, qu'on peut écrire sous la forme d'un produit

$$5 \times \frac{1}{3,2}$$

et l'on conclut immédiatement que l'erreur relative du quotient est égale à la somme de celles des facteurs 5 et $\dfrac{1}{3,2}$ ou en d'autres termes, que *l'erreur relative d'un quotient approché par défaut est égale à la somme des erreurs relatives des termes.*

Nous entendons que si le dividende est approché par défaut, le diviseur le sera par excès, afin que le quotient le soit sûrement par défaut.

Rem. En adoptant les énoncés que nous venons de donner, on modifiera l'énoncé des principes n° **225** en disant que *l'erreur relative du carré d'un nombre est le double de celle du nombre*, et que *l'erreur relative de la racine carrée d'un nombre est la moitié de celle du nombre.*

Les applications (n^{os} **169, 172, 173, 225**) que nous avons faites de ces principes, ne sont nullement modifiées par les énoncés plus simples que nous venons d'en donner.

ERRATA.

Page 4, lig. 17, *au lieu de* la dixaine suivante *lire* la collection de dix dixaines
— id, — 22, — la dixième centaine — la collection de dix centaines
— 5, — 10, — *des millions* — *de millions*
— 8, — 30, — *qu'on* — *. On les*
— 10, — 6, — celle-ci — celles-ci
— 14, — 19, — additionner — l'additionner
— 15, — 3, — on en — on n'en
— 16, — 10, — des — des nombres de
— 42, — 2, *mettre* $30 = 5 \times 6$ *entre* ( )
— 45, — 18, *au lieu de* les reste *lire* le reste
— 53, — 23, — Le produit, il... — le... produit. Il...
— 63, — 6, — dénominateur — numérateur
— 64, — 25, — fractions — facteurs
— 78, — 13, — $\frac{24}{15} = 1\,\frac{4}{5}$ — $\frac{24}{5} = 4\,\frac{4}{5}$
— id. — 14, — 1 heure $\frac{4}{5}$... 1 — 4 heures $\frac{4}{5}$... 4
— 90, — 30, — déplacement — déplacement de virgule
— 91, — 11, — chiffre — chiffre significatif
— 95, — 19, — $1 \times \frac{4}{100}$ — $1 + \frac{4}{100}$
— 96, — 6, *effacer* des erreurs
— id. — 7, *après* supérieures *mettre* des erreurs des données
— 100, — 4, *effacer* de
— 101, — 25, *au lieu de* hauts *lire* hautes
— 108, — 29, — comme... n'en — droite... en
— 112, — 16, — n'en — en
— 128, — dernière, *ajouter* 32400 pieds carrés
— 162, — 7, *au lieu de* intermédiaire *lire* intermédiaires
— 180, — 13, — $\frac{162}{6 \times 8}$ — $\frac{162}{6} \times 8$
— 181, — 16, (note) $\frac{3}{9}$ — $\frac{9}{8}$
— 187, — 1, — précédents — précédent

FIN DE L'ERRATA.

VANNES.—Imp. de Gustave de Lamarzelle